能登半島沖不審船対処の記録

P-3C 哨戒機機長が見た真実と残された課題

木村康張

芙蓉書房出版

まえがき

「いたずらに命令に従うだけで情勢に応じ得なかったら、部下としての責任を完全に果たし得たことにはならぬ」

第七代海上幕僚長　海将　板谷　隆一（海兵六〇期）

指揮官は、自己に与えられた「命令」から、自らが行わなければならない「任務」と、それを実施することにより達成すべき「目的」から構成される「使命」を分析し、その達成に努めることが求められる。

これは、司令官や群司令といった将官級の指揮官、艦長である佐官級の幹部や機長である尉官の幹部である指揮官のみならず、中央省庁の官僚や民間企業の管理職にも同様に求められるものである。

情勢は刻々と変化するものである。

指揮官は、上級指揮官から「命令」を与えられた時の情勢と、現場の情勢が大きく変化してしまった時、自己に与えられた「目的」を達成するために行うべき最適な「任務」を自ら設定し、「使命」を遂行しなければならない場合がある。これを「独断専行」という。

「独断専行」は、
　命令を与えられた時の情勢と現場の情勢が大きく異なり、
　現場の情勢を上級指揮官へ伝え新たな命令をもらう暇《いとま》がない場合に行われ、
　自ら設定する「任務」は、
　上級指揮官の意図に合致したものであることが求められ、
　その結果については自らがすべて責任をとる覚悟がある良心的な行為である必要がある。

平成一一年三月、戦後の日本が初めて経験した能登半島沖の日本海での海上警備行動、あの時、中央で、現場で、それぞれの立場で自己が与えられた「使命」を果たそうと、時には「独断専行」も行い、苦悶しつつ「決断」を下していった男たちがいた。

事案から二十年以上が過ぎ、当時、能登半島沖の日本海で不審船を追跡した護衛艦の艦長や哨戒機の機長たちの回顧が、海軍と海上自衛隊出身者で構成される水交会編纂『海上自衛隊苦心の足跡』、海上自衛隊の航空部隊出身者で構成される「うみどり会」の会誌『うみどり』等に掲載されるようになり、それぞれの指揮官が現場で如何に苦悩して「決断」を下したかが語られるようになった。しかし、これらの冊子は主に会員を対象としたものであり、一般の書店で購入することはできない。

また、この事案を部分的に採り上げた市販の書籍も出版されているものの、必ずしも事案全般を俯瞰できていると思われるものは見当たらない。幸いなことに筆者の手元に、この事案を報道した当時の新聞の切抜きが残っていた。

本書では、事案全般の流れ、永田町の首相官邸、霞ヶ関の運輸省や海上保安庁本庁、檜町（六本木）の防衛庁、現場海域を担当する新潟の第九管区海上保安本部や巡視船艇等の動きは、当時の新聞記事を参考にし、現場で対応した護衛艦や哨戒機の対応、特に指揮官の「決断」に至る苦悩や処置判断については会員向けに発刊された海上自衛隊ＯＢ会の会誌や冊子に掲載された本人の回顧を引用した。

本書では、不審船の兆候察知から発見、海上保安庁の巡視船艇による追跡、省庁間協力に基づく海上保安庁と海上自衛隊の対処から海上警備行動の発令、海上警備行動発令後の護衛艦部隊と航空部隊の対処、海上警備行動の終結に至るまでの経緯を、それぞれの立場で苦悩しつつ「決断」を下した男たちの姿を中心として描いてみた。

戦後の日本が初めて経験したこの海上警備行動によって明らかになった課題を、現在では解決された課題、現在でも解決されていない課題に整理し、混沌として変化する現在の安全保障環境の中で日本が検討すべき方向性を明らかにしていきたい。

令和三年一〇月

元第六航空隊Ｐ－３Ｃ哨戒機五〇九八号機長　木村　康張

能登半島沖不審船対処の記録　目次

プロローグ

当時の朝鮮半島情勢と日本

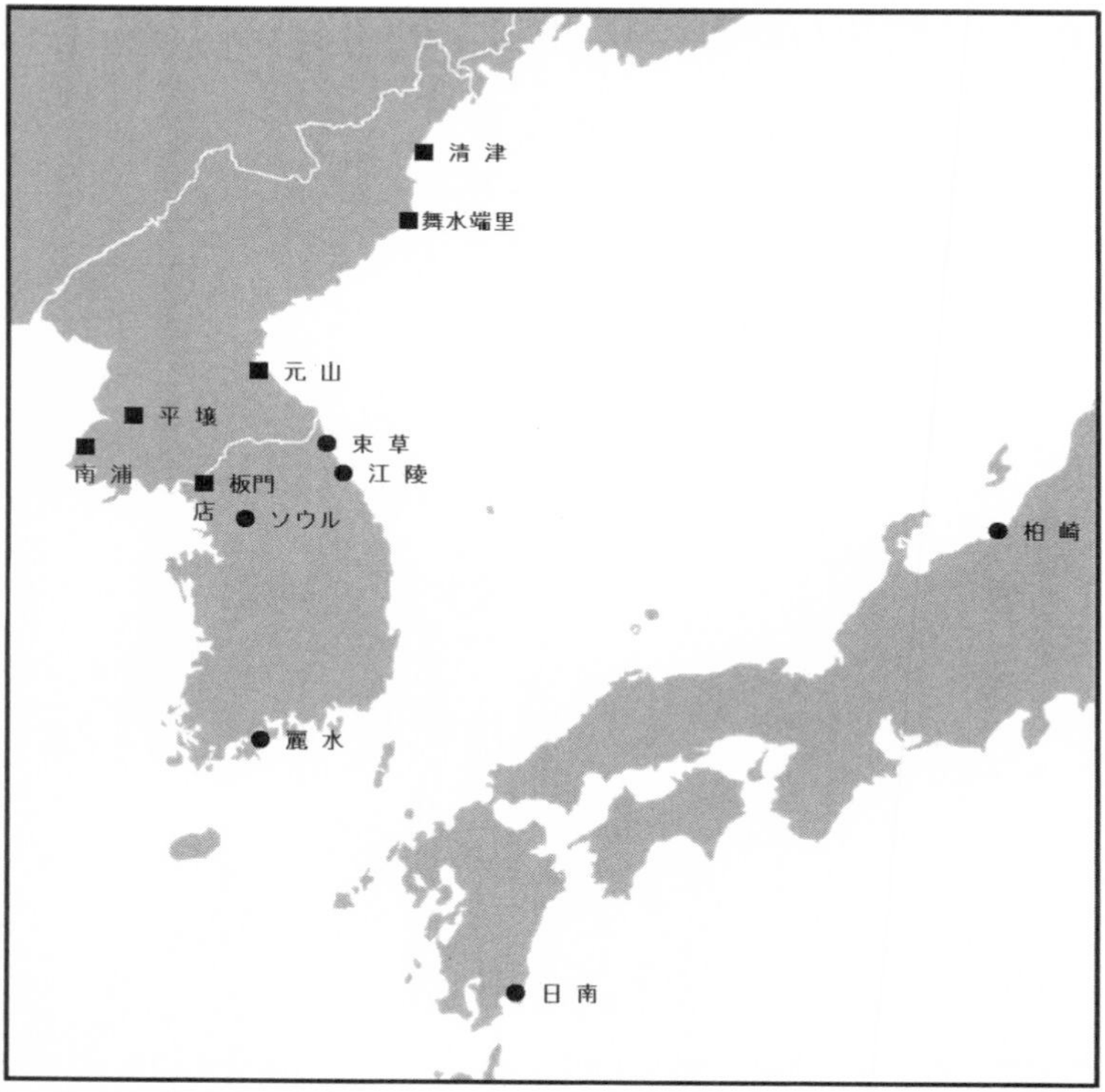
清津
舞水端里
元山
平壌
南浦
東草
江陵
板門店
ソウル
柏崎
麗水
日南

日時	場所	生起事象
昭和57年7月31日	新潟県柏崎市海岸	日本人青年男女の拉致
昭和60年2月24日	韓国 ソウル金浦国際空港	北朝鮮対日工作員の韓国入国
4月25日	宮崎県日南市鵜戸埼沖	巡視船による不審船の追尾
平成8年9月18日	韓国 江原道江陵市	北朝鮮潜水艦の座礁、武装工作員の上陸
平成10年2月3日	韓国 板門店	北朝鮮将校の越境亡命
6月22日	韓国 江原道束草市	北朝鮮潜水艦の潜搬入失敗
8月31日	北朝鮮 咸鏡北道舞水端里	中距離弾道ミサイルの発射実験
12月17日	韓国全羅南道麗水市	北朝鮮半潜水艇の潜搬入失敗
平成8年〜平成12年	北朝鮮全土	苦難の行軍

「わが国と一衣帯水の間にある朝鮮半島においては、韓国と北朝鮮合わせて100万人を超える正規軍が、幅わずか4㎞、長さ約250㎞の非武装地帯（DMZ）をはさんで対峙し、今日、世界で最も軍事的対立と緊張の厳しい地域の一つとなっており、過去多くの衝突が発生している」

昭和五三年度版『防衛白書』

1　日本人拉致と不審船

▼昭和五三年七月三一日　新潟県柏崎市海岸

夏の柏崎中央海岸。

夏休みで帰省した大学生と恋人である女性の若い二人が、海に沈む夕日を眺めながら並んで砂浜を歩いていた。

砂浜右手の土手から三、四人の男たちが砂浜に腰を下ろして話し込む二人に近づいて来た。

四十代くらいの男が大学生に話しかけてきた。

「すみません。煙草の火を貸してくれませんか」

大学生がライターを取り出そうとし、男の煙草に火をつけようとした瞬間、三、四人の男たちが大学生に殴りかかり、大学生と恋人を押さえ込んでガムテープのようなもので口を塞ぎ、二人を縛りあげ、土手の方に引きずって行き、土手の窪地にねじ伏せた。

陽が沈んで辺りが暗闇につつまれると、沖合からゴムボートが砂浜に近づいて来た。男たちは、二人をゴムボートに乗せると、大きな袋を頭から被せた。ゴムボートの上で頭を袋から出してみると、沖合には日本漁船に偽装した工作船が待機しているのが見えた。ゴムボートは工作船に近づき、袋詰めにされた二人は、ゴムボートから工作船へ移された。工作船の船内では、二人は別々の船室に監禁された。暗闇の中、工作船は轟音をたてて高速で沖に向けて航走していた。

陽が昇り辺りが明るくなると、工作船は停止して操業中の日本漁船を装い、陽が沈むと再び高速で航走して北方へと向かっていった。

二晩が過ぎ、工作船は北朝鮮北部咸鏡北道《ハムギョンブクト》の港湾都市、清津《チョンジン》の港に入港した。大学生は恋人と離されて一人、埠頭で武装した軍人たちに引渡された。

北朝鮮により拉致された日本人は、工作員訓練施設での日本語や日本の風俗習慣などを教える工作員教育係として使われたり、政治思想などの理由により自らの意志で北朝鮮に渡った日本人の配偶者にさせられたりしたほか、日本に潜入した工作員が戸籍や旅券を用いて身分をなりすますために拉致され、あるいは偽札作成のため印刷技術等の特殊技術者を対象に拉致されたり、工作活動の現場を目撃されたために北朝鮮に拉致する事例もあるといわれる。

日本政府は、北朝鮮による拉致被害者として十七人を認定している。

昭和五二年に三人が、昭和五三年に十人が、昭和五五年に三人が、昭和五八年には一人が北朝鮮に拉致されている。拉致被害者の多くは、新潟県、福井県、鳥取県といった日本海沿岸の海岸から、工作船に乗せられて北朝鮮へ連れて行かれたと推定される。この他に北朝鮮によって拉致された可能性を排除できない行方不明者は、全国で八八三人にも上っている。

朝鮮人民軍偵察局に勤務した脱北者の証言によると、日本漁船に偽装した工作船で深夜、日本の海岸近くで操業している一隻の日本漁船を襲撃して若い船員を海上で拉致し、他の不要な船員たちは漁船とともに沈没させた事例もあるといわれる。

▼昭和六〇年二月二四日　韓国　ソウル金浦国際空港

二月二四日、成田空港を出国して韓国の金浦《キンポ》国際空港に到着した日本旅券を持つ日本人・原《はら》敕晃《ただあき》と名乗る男が、在日韓国人の方元正《パン・ウォンジョン》とともに韓国に入国した。

日本人・原敕晃と名乗る男は、朝鮮労働党員の辛光洙《シン・グァンス》という北朝鮮工作員であり、韓国訪問の目的は、韓国国内での工作活動組織を作ることにあった。辛光洙に同行した在日韓国人の方元正は、親戚である韓国軍退役将校を組織に勧誘したが、彼は勧誘を断って治安当局に訴えたため、二月二四日、辛光洙と方元正はソウル市内のホテルで韓国の国家安全企画部（後に国家情報院と改編）により国家保安法違反の疑いで逮捕された。これを知らずに遅れて韓国に入国した組織の一員である在日韓国人の金吉旭《キム・キルウク》も入国後、国家安全企画部によって逮捕された。

六月二六日、国家安全企画部は、逮捕した辛光洙を韓国に入国した在日朝鮮人二人とともに国家保安法第四条（反国家活動の遂行）の疑いでソウル地方検察庁に身柄とともに送検したと発表した。

辛光洙は、昭和四六年二月から四八年六月まで北朝鮮咸鏡北道清津にある朝鮮労働党作戦部の工作員教育施設で政治思想学習、通信技術教育、工作実務教育を受けた後、昭和四八年七月四日、日本への工作員の潜搬入を担当する北朝鮮南東部の日本海に面した江原道《カンウォンド》にある朝鮮労働党作戦部の元山《ウォンサン》海上連絡所から工作船に乗って能登半島北部に潜搬入《せんはんにゅう》して日本国内で対日工作活動を行った。

昭和五一年九月、辛光洙は、富山湾沿岸から工作船で北朝鮮に帰国して平壌《ピョンヤン》の龍城《リョンソン》五号招待所で約三ヶ月間の政治思想学習、次いで金星《クムソン》政治軍事大学（後に金正日政治軍事大学と改称）で約六ヶ月間の外国語班課程教育、万景台《マンギョンデ》四号招待所で約六ヶ月間の工作実務教育、龍城五号招待所で約一年間の日本人化教育を受けた後、朝鮮労働党の対南（韓国）工作部署の第三号庁舎の執務室で金正日《キム・ジョンイル》書記から直接「日本に潜入して日本人を拉致して北朝鮮に連行し、その人物の日本人としての合法的な身分を獲得した後、対南（韓国）工作の任務を継続遂行せよ」との命令を受け、昭和五五年四月一〇日に黄海に面した平安南道《ピョンアンナム》の南浦《ナンポ》海上連絡所から工作船に乗って宮崎県日向市の太平洋岸の海岸から潜搬入した。

辛光洙は、拉致対象となる「前科・前歴や借金がなく、日本旅券を発給されたことのない一人暮らしで身寄りのない日本人男性」を探し、大阪在住在日朝鮮人の李三俊《リ・サムジュン》が経営する中国料理店「宝海楼」に勤める日本人調理師の原敕晁氏が独身で身寄りの少ないことに目をつけ、北朝鮮当局との調整を行った。

六月二〇日午後八時過ぎ、辛光洙は、原敕晃氏に「良い職場を世話する」と偽って宮崎県青島海岸の観光ホテルに連れ出し、ホテル到着後、「海岸に散歩に行こう」と海岸に誘い出した。海岸では、四人の北朝鮮工作員が待ち構えており、原氏を取囲んで手足を縛り、猿ぐつわをはめて袋に入れ、大型ゴムボートに乗せ、辛光洙とともに沖合に向かった。沖合には工作船が待機しており、六人は工作船に収容され、四日後の六月二四日、工作船は北朝鮮の南浦港に入港した。

原氏は当局者に引き渡され、平壌近郊の龍城《リヨンソン》区域にある東北里《トンブクリ》三号招待所に収容され、辛光洙は同じ龍城区域にある龍城一号招待所で約五ヶ月間、日本人・原敕晃となるための学歴や職歴、家族関係転居歴等を聞き出して暗記するとともに、彼の職業だった中華料理調理師の技術習得、日本で身分証明書として通用する自動車運転免許証を取得するための運転教習などを受けた。

同年一一月二六日、辛光洙は、南浦港から工作船に乗って宮崎県青島海岸に三回目となる日本潜入に成功、日本人・原敕晃としての住民登録を済ませ、日本旅券や運転免許証などを取得し、以後、日本国内で工作活動を行うとともに、六回にわたって欧州経由で日本と北朝鮮の間を往復して、概ね年に一回北朝鮮において約三ヶ月から六ヶ月間の工作活動報告と教育を受けていた。

昭和六〇年一一月、ソウル地方法院（地方裁判所に相当）は、辛光洙に死刑判決を下したが、後に無期懲役に減刑された。

平成一〇年二月に第一五代大統領となった金大中《キム・デジュン》は、平成一一年一二月の恩赦で辛光洙たちを釈放、平成一二年六月に平壌で行われた金正日国防委員長との南北首脳会談で締結された「六・一五南北共同宣言」に基づき、同年九月二日、辛光洙は、政治犯として収監され刑期を満了したにも拘らず思想を改めていない「非転向長期囚」とされた六三人の一人として北朝鮮に送還された。北朝鮮に送還された辛光洙は、金正日書記から大きな功績があったとして「国旗勲章一級」を授与された「英雄」として大歓迎を受け、顔写真入りの記念切手さえ発行された。

日本政府は捜査員を韓国に派遣し、警視庁公安部は辛光洙と共犯者の金吉旭の二人を国外移送目的拐取容疑等で逮捕状の発付を得て国際手配の手続を行うとともに、辛光洙については北朝鮮政府に対し身柄の引き渡しを要求した。

平成一八年二月、警視庁公安部は、辛光洙を昭和五五年六月の原敕晁氏の拉致に加え、昭和五三年七月に福井県小浜市の海岸から青年男女を拉致した事案など日本人拉致の実行犯として国外移送目的略取と国外移送の容疑で再度逮捕状を取得し、同年三月、国際刑事警察機構を通じて国際指名手配して北朝鮮政府に対し所在の確認と身柄の引き渡しを要求している。

▼四月二五日　宮崎県日南市鵜戸崎《うどさき》沖

宮崎県水産課の漁業取締船「たかちほ」は、鵜戸埼沖の日向灘で漁業監視業務を行っていた。

午前九時、鵜戸埼南東二〇kmで不審な動きをする「第三一幸栄丸《こうえいまる》」と船名を標示した漁船を発見した。漁船には不釣り合いな大型レーダや方位探知装置のアンテナ等が搭載されており、漁業監督吏員は立入検査を行う必要があると判断した。

「たかちほ」が「第三一幸栄丸」に向けて近接を開始すると、突然、「第三一幸栄丸」は二〇ノットを超える速力を出して南方へ逃走を始め、最大速力を出しても追いつくことができないことから、漁業取締船「たかちほ」船長は追跡を断念し、宮崎県水産課へ通報した。

宮崎県日南市鵜戸埼沖で発見された不審船（海上保安庁）

「船名『第三一幸栄丸』、登録番号『ＯＴ２‐３３１１』、船種一九トン型ハマチ運搬漁船、本船が立入検査をしようとしたところ突然二二から二三ノットの高速で南下逃走した」

宮崎県水産課から油津海上保安本部に漁業取締船「たかちほ」の通報が入り、第十管区海上保安本部は、直ちに「第三一幸栄丸」に関する調査を開始した。当該船は、漁船には不釣り合いなアンテナ類を装備しており、漁船では考えられない高速で逃走したことから、実在する宮崎県船籍の「第三一幸栄丸」ではなく、その船名を詐称した不審船と判断し、第十管区海上保安本部は巡視船艇、航空機を現場に向け出動させた。

二五日午後、海上保安庁の航空機は宮崎県戸崎鼻《とさきばな》沖の日向灘を北上中の不審船を発見、現場に向かった巡視船がレーダで不審船を捕捉して航空機から追尾を引継いだ。追跡する巡視船艇は、不審船に対して停船命令を発したが、不審船はこれを無視して西に向け最大四〇ノットまで増速し、蛇行運動を行いながら逃走を継続した。

二七日未明、不審船は東シナ海の中国・杭州湾《こうしゅう》東方海域まで逃走し、追尾する巡視船のレーダから消えた。海上保安庁は、巡視船艇延べ二三隻、航空機延べ四機により、約四〇時間追跡を行い、追跡した延べ航程は約六〇〇浬にも及んだ。

その後、韓国政府の発表によると、この不審船に対して韓国軍が出動して監視を続け、不審船が中国沿岸部を経て北朝鮮の南浦港に入港したことを確認した

海上保安庁が確認した北朝鮮工作船と推定される不審船は、昭和三八年から平成一〇年までの間に計十八隻、発見海域は日本海沿岸部および日本海中部で十六隻、九州南部沿岸で二隻であり、これらすべての不審船は巡視船艇からの追尾を逃れ逃走している。

北朝鮮工作船は、日本漁船を装って日本領海に入り、沿岸部に接近したところで船内に搭載した半潜水艇や小型舟艇に工作員を乗せて日本に潜入させ、また、日本国内での任務を終えた工作員を海岸で収容して北朝鮮へ帰還させる任務を行うとともに、日本の暴力団等と洋上で麻

薬や覚醒剤の取引を行って外貨を獲得する任務も行っているといわれる。

通常は、日本漁船に艤装した工作母船が一隻で半潜水艇や小型舟艇を用いて工作員の潜入や収容を行っているといわれてきたが、二隻の工作母船が一組となって、一隻が本国との通信と警戒の任務にあたり、一隻が工作員の潜入や収容の任務を行う事例も増えているといわれる。

このようにして日本に潜入した北朝鮮工作員は、在日韓国人に偽装し日本経由で韓国に入国しての工作活動、自衛隊や在日米軍に関する情報収集、在日朝鮮人活動家に対する思想工作や工作員教育、日本人の拉致、資金調達などを行っているといわれる。

▼平成八年九月一八日午前一時三五分　韓国　江原道江陵市安仁津里海岸

九月一八日午前一時三五分、日本海に面する韓国江原道《カンウォンド》の江陵《カンヌン》市安仁津里《アニンリ》海岸の海岸線道路を一台のタクシーが走っていた。運転手が、前方の沖合に黒い物体が波に洗われながら浮いているのに気付いた。運転手は、速度を落としながらその物体を注視してみると、それは浅瀬に乗上げた潜水艦であった。驚いた運転手は、最寄りの公衆電話から警察に通報した。

午前三時四〇分、警察と韓国陸軍が直ちに出動、警察は周辺道路を全面封鎖し、韓国軍は江陵市北方を中心に掃討作戦を開始した。韓国軍が座礁した潜水艦の艦内を調べると、対戦車ロケット、自動小銃等の武器類が発見された。

午後四時三〇分、掃討作戦を実施中の韓国軍は、現場から約二〇㎞離れた山中で集団自決した十一名の遺体を発見した。

午後四時四〇分、山中の民家に一人の男が現れた。男は、道に迷った登山者と名乗り、水と食料を求めた。男の頭髪は海水に濡れ、着ている衣服は二〇年以上前に韓国で流行し今は誰も着ていない異様な服装であったことから、不審に思った住民は電話で警察に通報した。男は、駆け付けて来た警察官によって逮捕された。

この男は、李光洙《イ・グァンス》という朝鮮人民軍総参謀部偵察局に所属する海軍上尉（大尉）であり、潜水艦から上陸後、斥候に出たまま仲間とはぐれ単独で行動していた。

逮捕された李光洙の供述によると、

九月一三日未明、潜水艦は工作任務を帯びて元山《ウォンサン》近郊の海軍基地を出港し、一五日に江陵市安仁津里海岸沖に到着した。太白山《テベクサン》山脈が海に迫るこの海岸は、付近に民家はまばらであり、工作員は上陸後直ちに山中に隠れることができるという好条件を備えていた。潜水艦は、韓国内に潜んで諜報活動を行っている工作員との連絡と空軍基地の写真撮影を任務とした工作員三名を上陸させた後、沖合にから海上偵察を行いつつ工作員の帰還を待った。

一七日、潜水艦は、帰還した工作員を艦内に収容するため海岸に接近したところ、波に押し流されて座礁してしまった。潜水艦は座礁により推進器を破損し、脱出は絶望的となったため、艦長は総員離艦させて艦を爆破処分することを決意した。爆破処理は失敗に終わり、離艦した乗組員は泳いで海岸に上陸し山中に潜伏した。艦長を含む十名の乗組員は、政治将校により拳銃で頭を撃ち抜かれ、政治将校は青酸カリを服毒後に拳銃で自ら頭を撃ち抜いて自決した。残り二六名の工作員は、山中に潜伏しながら北朝鮮への逃走を図った。

一九日午前一〇時一〇分、住民が四人の工作員を発見、通報により駆けつけた韓国軍と銃撃戦となり、三人が射殺され、一人が逃走した。

午後二時五七分、韓国軍は、三人の工作員を発見し銃撃戦の結果、一人を射殺、残り二人は重体で病院に搬送中に死亡した。

午後四時一〇分、韓国軍は、二人の工作員を発見し一人を射殺、一人は逃走した。

二一日午前九時三〇分、韓国軍は、逃走中の工作員二人を発見し銃撃戦により韓国軍兵士一名が戦死、工作員二人は逃走した。

二二日午前六時一五分、韓国軍は、工作員二人を発見し銃撃戦により工作員二人を射殺したものの、韓国軍兵士二人が戦死した。

二三日午前六時四五分、発令されていた夜間外出禁止令と入山制限を無視して掃討作戦地域内の山中に松茸狩りで入山していた民間人一名が、工作員と誤認され韓国軍兵士により射殺された。

二八日午前六時四五分、韓国軍は、工作員二人を発見し一人は射殺したが、一人は逃亡した。

二九日、工作員と誤認された韓国軍兵士が、韓国軍兵士により射殺された。

三〇日午後三時一八分、韓国軍は、工作員一人を発見し射殺した。

一〇月一日、捜索中の警察官が工作員と誤認され、韓国兵士により射殺された。

八日午後二時二〇分、山中で銃声が聞こえたとの住民からの通報を受け、韓国軍と警察が山中を捜索したところ、逃走中の工作員により射殺された民間人三人の遺体が発見された。

一二日、工作員と誤認され韓国軍兵士が、韓国軍兵士により射殺された。

一一月四日午後三時一〇分、韓国軍は、南北軍事境界線まで一〇kmの地点で逃走中の工作員二人を発見、韓国軍との銃撃戦となり、追い詰められた工作員の小銃と手榴弾による攻撃で、韓国軍兵士三人が戦死し、一四人が負傷した。二人の工作員は韓国軍により射殺された。

五日午前一〇時三〇分、韓国軍は工作員二人を発見、銃撃戦で二人は射殺されたが、工作員が投げた手榴弾により韓国軍陸軍大佐、大尉、上等兵の三人が戦死した。

七日午後五時、四九日間におよんだ掃討作戦は、北朝鮮工作員二六人のうち一三人を射殺、一人を逮捕、一一人が自決し、一人が行方不明のまま終結された。

2　緊迫する朝鮮半島情勢

▼平成一〇年二月三日午前七時過ぎ　韓国　板門店　共同警備区域（ＪＳＡ）

午前七時過ぎ、板門店の共同警備地区で警備にあたっていた北朝鮮将校が、軍事境界線を越えて韓国に亡命した。階級は上尉（大尉）で、共同警備地区（ＪＳＡ：Joint Security Area）の警備任務に就いている北朝鮮軍人が韓国に亡命したのは、これが初めてであった。

この大尉は、韓国軍兵士との接触工作や越北の工作、非武装地帯での拡声器放送などを担当とする朝鮮人民総政治局敵工部に所属し、韓国軍兵士に接触して工作活動を行っているうちに韓国軍兵士と親しくなり、亡命の意思を伝えたが無視され、翌朝七時にひとりで軍事境界線を越えて韓国に亡命した。

▼六月二二日午後四時半頃　韓国　江原道束草市沖の沖合

六月二二日午後四時半頃、日本海に面する韓国江原道の束草《ソクチョ》市沖一〇㎞の韓国領海内で操業中の漁船の漁師は、サンマ漁の網に小型の潜水艦らしいものが引っかかっているのを発見した。間もなく、潜水艦の艦内から二、三人の乗員が上甲板に現れ、網に引っかかった潜望鏡をはずそうとした。

漁師からの通報により、韓国海軍は、対潜哨戒機や警備艇を現場に急行させ、同潜水艦の警戒にあたるとともに、警備艇によって同潜水艦の曳航を開始した。翌二三日未明、同潜水艦は、日本海岸東北部の其土門《キサムン》海軍基地に到着したものの、岩礁が多く安全上の問題から同基地の南東にある東海《トンヘ》海軍基地へ向けて再び曳航することとなり、同潜水艦の曳航には護衛艦五隻が警戒にあたった。二三日午後、同潜水艦は、東海海軍基地の沖合約二㎞の地点で沈没してしまった。

韓国海軍は、水深三〇ｍの海底に沈んだ同潜水艦の引き揚げ作業を開始したが作業は難航し、二四日夜には作業をいったん打切り、翌二五日に作業を再開し、同日夕刻、同潜水艦は引き揚げられて東海海軍基地の防波堤まで運ばれた。

潜水艦艦内の調査は、韓国海軍特殊部隊によって行われた。艦内には全身に銃弾を浴びて死亡した五名の乗員の遺体があり、後部区画には自ら頭部を拳銃で撃ち抜いた四名の工作員の遺体があった。四人の工作員が、五名の乗員を射殺した後、後部に集まって自決したものと思われる。また、艦内からは、対戦車ロケットと自動小銃各二丁、手榴弾二個、機関銃二丁も発見された。

▼八月三一日午後一二時過ぎ　北朝鮮　咸鏡北道舞水端里

八月三一日午後一二時過ぎ、北朝鮮東部沿岸の咸鏡北道《ハムギョンブクド》の舞水端里《ムスダンニ》ミサイル発射施設から弾道ミサイル一発が発射され、弾道ミサイルは津軽海峡付近から日本列島の上空を越えて飛翔し、三陸沖の太平洋に着弾した。

九月四日、北朝鮮の朝鮮中央放送は、発射時の映像とともに「人工衛星『光明星《クァンミョンソン》1号《イルホ》』を搭載した『白頭山《ペクトゥサン》1号《イルホ》』ロケットの打ち上げであり、人工衛星の地球周回軌道への投入に成功した」と発表した。

防衛庁は、「人工衛星」が地球周回軌道に乗ったことを示す情報は確認されなかったことなどから、米国の協力を得つつ精密な解析を行い、北朝鮮が新型の中距離弾道ミサイルの発射実験を行ったと判断した。米国は、発射されたミサイル発射施設の日本統治時代の地名である大浦洞《テポドン》から、このミサイルを「テポドン1号」と命名した。

北朝鮮による弾道ミサイル発射実験は、平成五年五月二九日に北朝鮮南東部に位置する咸鏡北道の蘆洞《ノドン》ミサイル発射施設から発射された「ノドン1号」に次いで二回目であったが、「ノドン1号」は能登半島北方の日本海に着弾したのに対し、今回の「テポドン1号」は事前通告なしに日本上空を通過したことから、内外世論を激しく刺激し、国際連合安全保障理事会が招集され「ロケット推進による物体を打ち上げた行為に対し遺憾の意を示す」との報道発表が行われ、日本政府はミサイル発射の兆候を早期に把握するために情報収集衛星を導入することを決定した。

▼一二月一七日午後一一時一五分　韓国 全羅南道麗水市の沿岸

一二月一七日午後一一時一五分、前羅南道《チョルラナムド》の麗水《ヨス》沿岸監視所で暗視装置により監視していた陸軍兵士は、陸岸へ向かって近づいてくる小型船を沖合二㎞の洋上に発見した。小型船は速力が一定せず、船体の半分ほどが海面下に沈んでいた。兵士は直ちに上級司令部へ報告した。報告の十五分後、海軍の哨戒艇が現場を捜索したものの、探知を得ることはできなかった。

十八日午前一時四〇分、沿岸警備所は八㎞離れた位置に再び目標を探知した。午前三時七分、沿岸監視所からの報告を受けて出動した海軍の高速哨戒艇等六隻と空軍機が現場に到着した。

午前四時、哨戒艇は目標を探知し、目標は半潜水艇であることが確認された。哨戒艇は、停船のための警告を実施したものの、半潜水艇は逃走を継続した。

午前四時三八分、哨戒艇は、七六㎜砲と四〇㎜機銃による警告射撃を開始し、空軍機は計一七五発の照明弾を投下して警告射撃の支援を行った。半潜水艇は高速で逃走しながら三七・六㎜機銃で応戦し、哨戒艇の船体に数発の銃弾が命中した。

午前五時過ぎ、哨戒艇艇長は、半潜水艇に投降する意思はないと判断し、船体に対する砲撃を開始した。三発の砲弾が半潜水艇に命中し、午前六時五〇分、半潜水艇は巨済島《コジェド》南方一〇〇㎞の公海上で沈没した。

対岸の対馬海峡周辺海域では、海上自衛隊P-3C哨戒機と護衛艦三隻、航空自衛隊RF-4E偵察機が警戒を実施した。

翌年三月一七日、韓国海軍は沈没した半潜水艇を引き揚げ、艇内からは武装した工作員六名の遺体、拳銃六丁や手榴弾八発等の武器、自決用毒入りアンプル等が発見された。

韓国では、潜搬入を企図した北朝鮮の潜水艇や工作船が、平成一〇年だけでも計四件確認されており、北朝鮮は平成四年頃から小型潜水艇による潜搬入工作を本格化させていた。

▼平成八年から平成一二年　北朝鮮全土『苦難の行軍』

朝鮮戦争により、停戦状態のまま南北分断が固定してしまった朝鮮半島。

ソ連崩壊以降、北朝鮮では経済は破綻し、食糧不足が深刻化するなかで、軍備の拡充は依然として進められてきた。

平成九年一〇月八日には、平成六年に金日成の死去により空席となっていた朝鮮労働党中央委員会書記に金正日《キム・ジョンイル》が就いたが、北朝鮮国内では、平成七年に発生した大水害にともなう大飢饉は、北朝鮮全土に拡がり、多くの餓死者が出ていた。

平成八年一月一日、朝鮮労働党機関紙『労働新聞《ロドン・シンムン》』は、朝鮮人民軍機関紙『朝鮮人民軍《チョソニンミングン》』と青年同盟機関紙『青年前衛《チョンニョンジョンウィ》』とともに新年共同社説で、「偉大な党の指導に従い、我が国、我が祖国をさらに富強に建設しよう」と掲げ、「今年の総進軍は『苦難の行軍《ゴナンウィヘングン》』を勝利のうちに締めくくるための最後の突撃戦である」と国民を鼓舞した。

「苦難の行軍」とは、北朝鮮の初代指導者となる「金日成《キム・イルソン》たち抗日パルチザン（非正規の軍事活動を行う遊撃隊）が満洲において昭和一三年一二月から昭和一四年三月まで日本軍と戦いながら行軍した」という北朝鮮における抗日伝説に例え、約三年間で約三〇〇万人の餓死者を出している北朝鮮の経済的困難を乗り越えるために国民に呼びかけたスローガンであった。

当時、事実上の最高指導者になったばかりの金正日国防委員会委員長は、金日成主席時代からの古参幹部の取り扱いに困っており、社会安全部内に秘密警察組織「深化組《シムアジョ》」を創設、金正日の妹を妻とする組織指導部第一副部長だった張成沢《チャン・ソンテク》を指揮官とし、経済危機と大飢饉で国民の不満が高まっていた機を利用して一気に古参幹部たちと、その側近、彼らの親戚三親等までを大粛清した。

「深化組」は、捜査員約八〇〇〇人、拠点は全国数百カ所におよぶ大組織であり、平成八年から二年間で三〇〇〇人以上が処刑され、一万人以上の処刑者の家族や親族が強制収容所に送られた。

平成一〇年九月の最高人民会議で国防委員会委員長に選出された。これによって、金正日は軍に対する「統帥権」を掌握した。

同年に黄海北道《ファンヘブクト》にある黄海《ファンヘ》製鉄所の労働者が食料の配給を求める暴動が起こったのを機に、民心の離反を恐れた金正日は、保衛部と軍保衛司令部の責任者を叱責し、深化組を主導した警察機構の社会安全部に調査を指示した。保衛部は、ひそかに調査に着手、「深化組」の専横と民心への影響をまとめた報告書を党組織指導部検閲課に提出し、検閲団を準備させ、「深化組」の指導者一四人を逮捕して「反革命的野心家」として銃殺刑に処し、平成一二年一月、保衛部や保衛司令部、中央検察所から選出した検閲団員が全国に派遣され、「深化組」はことごとく解体された。この間に、四人の大臣級高級幹部を含め二〇〇〇人が処刑され、一万人以上の処刑者の家族や親族が強制収容所に送られた。

平成一一年六月一六日、朝鮮労働党機関誌『労働新聞』は、「『先軍政治《ソングンチョンチ》』は私の基本的な政治方式であり、我々の革命を勝利に導くための、万能の宝剣です」、「人民軍隊は我々の革命の柱であり、主体《チュチェ》革命偉業完成の主力軍です」とする金正日総書記の言葉を掲載し、金日成主席によって「朝鮮人民軍の前身である朝鮮人民革命軍がまず創建され、祖国解放を成し遂げた後に朝鮮労働党が創建され、続いて軍を正規武力に強化発展させ、建国偉業を成し遂げた」とする朝鮮人民軍を最優先する政策である「先軍政治」を喧伝した。

朝鮮人民軍を最優先する「先軍政治」の下、核実験と弾道ミサイルの試験発射を繰返して国際社会から批難と経済制裁を受け、飢饉に加え経済的苦境に国民を陥れても「苦難の行軍」を続ける北朝鮮は、挑発と工作活動を止めることはなかった。

第1章

兆候………発見

緊迫 日本海 波高し
日本漁船を偽装？
能登沖の不審船
46年ぶり
領海侵犯一報は「不審電波」
防衛庁施設がキャッチ
警察庁も警備強化指示

■ 清 津
海上自衛隊 八戸航空基地
第９管区海上保安本部 □
七尾海上保安部 □
□ 伏木海上保安部
金沢海上保安部 □
防衛庁（檜町）
海上自衛隊 舞鶴基地
情報本部美保通信所 △
海上自衛隊 厚木航空基地
自衛艦隊司令部（船越）◎

日時	生起事象
平成11年 3月18日深夜	2隻の北朝鮮工作母船が清津港を出港
21日午後10時	美保通信所が北朝鮮工作船の通信らしい電波を補足
22日早朝	第2航空群P-3C哨戒機が不審船に対する捜索を開始
22日午後3時	護衛艦3隻が舞鶴基地を緊急出港
23日午前6時42分	第2航空群P-3C哨戒機が「第一大西丸」を発見
23日午前9時25分	第2航空群P-3C哨戒機が「第二大和丸」を発見
23日午後0時55分	海上保安庁、「第二大和丸」は兵庫県沖で操業中であることを確認、「不法操業の疑いがある日本漁船」と判断
23日午後1時20分	海上保安庁、「第一大西丸」は既に廃船となっていることを確認、「不法操業の疑いがある日本漁船」と判断
23日午後1時40分	護衛艦「みょうこう」は「第二大和丸」の、護衛艦「はるな」は「第一大西丸」の追尾を開始
23日午後3時過ぎ	巡視船「ちくぜん」と巡視艇「はまゆき」が「第二大和丸」への停船命令を開始
23日午後6時39分	川崎運輸大臣、緊急記者会見を開催
23日午後7時過ぎ	2隻の不審船は増速して逃走、巡視船艇の追跡が困難
23日午後7時30分	野呂田防衛庁長官、緊急記者会見を開催

「敬愛する最高司令官金正日同志！　我々は将軍様から与えられた敵後偵察任務を受け、ただ今より敵後に向かいます。我々はこれまで賜った御恩に報いるため、この身を将軍様に捧げ、必ずや南朝鮮への浸透任務を確実に遂行し、最高司令官同志に忠誠の御報告を送ります」

金正日朝鮮人民軍最高司令官へ奉呈する『忠誠決議文』[*1]

1　消えた工作母船と不審電波

▼平成一一年三月一八日深夜　朝鮮民主主義人民共和国　清津港

三月一八日夕、米国の偵察衛星は、北朝鮮北部の清津港《チョンジン》に二隻の半潜水艇と並んで二隻の工作母船が停泊しているのを確認した。

しかし、翌一九日朝、これら四隻の姿は港から消えていた。

これらの情報を受けた公安当局は、

「清津港を出港した半潜水艇を搭載した工作母船二隻が二〇日頃には富山湾に到着し、搭載する半潜水艇により工作員の潜搬入等の工作活動を行う可能性がある」

と見積ったものの、その後は情報が途絶えてしまった。

清津には、対日工作を担当する朝鮮労働党作戦部（現在は党から分離され朝鮮人民軍偵察総局に統合）の清津海上連絡所がある。

朝鮮労働党作戦部には、工作員が用いる偽札印刷や偽造旅券の作成、麻薬や覚醒剤の製造、暗号通信による工作員との連絡、工作員の養成等を担当する組織が傘下にあり、作戦部が実施する工作員の韓国や日本への潜搬入は、陸上連絡所と海上連絡所を通じて行われている。

清津海上連絡所は対日工作を担当し、同じ日本海沿岸の対韓工作を担当する元山海上連絡所とともに、多数の工作母船や半潜水艇を使って工作活動を行っているといわれる。

▼二一日午後一〇時　鳥取県境港市　美保通信所

平成九年一月に防衛庁の中央情報機関として新編された防衛庁情報本部は、電波情報、画像情報、地理情報、公刊情報などを収集・解析するとともに、関係省庁、在外公館などから提供される各種情報を集約・整理し、国際・軍事情勢等、我が国の安全保障に関わる動向分析を行うことを任務としており、その隷下には東千歳（北海道）、小舟渡（新潟県）、大井（埼玉県）、美保（鳥取県）、大刀洗（福岡県）、喜界島（鹿児島県）の六ヶ所に通信傍受施設をもっており周辺諸国の軍事通信等を監視している。

二一日午後一〇時頃、鳥取県境港市にある通信傍受施設の美保通信所は、北朝鮮の工作船が本国との通信を行う電波を捕捉した。電波は断続的に捕捉された。

通信内容は、五数字を組み合わせた暗号文であり、意味不明ではあるものの、能登半島付近の日本海の洋上から北朝鮮本国に向けて発信されていると見積られ、美保通信所は直ちに市ヶ谷の防衛庁情報本部へ報告した。

同じ頃、警察庁外事課の管区警察局に置かれた無線傍受施設でも同じ通信を捕捉しており、通信内容の数字は北朝鮮工作員が使う乱数表と一致したことから、警察庁外事課は、二一日深夜、新潟、富山、石川の各警察本部に対し、「富山湾付近に北朝鮮の工作船が侵入している情報がある。沿岸の警備態勢を強化せよ」と指示した。

この指示は翌二二日早朝までに日本海側すべての道府県警に徹底された。

新潟県警は、二二日午後、佐渡島を含む沿岸部の警察署に対して警備態勢の強化を指示し、機動隊の一部も動員させた。

▼二一日深夜　海上自衛隊　厚木航空基地

海上自衛隊厚木航空基地には、自衛艦隊に所属するすべての航空部隊を隷下に置く航空集団司令部が所在している。

二一日深夜、航空集団司令部の作戦主任幕僚　平田《ひらた》昭文《あきふみ》（幹候二二期）一等海佐は、司令部当直幕僚からの電話で起こされた。

「作戦主任、当直幕僚です。不審船と思われる情報が入りました。場所は日本海です」

平田一佐は、飛び起きて制服に着替え、急いで官舎から航空集団司令部へ向かった。

航空集団司令部では、既に情報幕僚が上級司令部からもたらされた情報の分析を開始していた。

平田一佐は、テーブルに拡げられた日本海の海図上に、情報幕僚が分析した情報を記入しながら、工作船と思われる不審船の存在圏を見積り、捜索海域を設定して投入兵力の検討を行った。

「翌二二日日出と同時にＰ－３Ｃ哨戒機を捜索海域に投入し、捜索を開始させる」

平田一佐は、航空集団司令官の福谷薫《ふくたにかおる》（幹候一九期）海将の了解を得て、海上自衛隊八戸航空基地の第二航空群司令部に、警戒監視のため応急出動機の発進を下令した。

自衛隊の行う警戒監視は、自衛隊の任務として定められておらず、防衛庁設置法第六条（防衛庁の権限）第一二項の「所掌事務の遂行に必要な調査および研究を行うこと」を法的根拠として実施している。

当日の日本海は、低気圧の接近により、秒速二〇ｍを超える暴風雨が吹き荒れていた。

▼二二日早朝　海上自衛隊　八戸航空基地

海上自衛隊八戸航空基地には、第二航空群が所在し、その隷下に第二航空隊と第四航空隊の二個航空隊（平成一九年度に旧第二航空隊は第二飛行隊、旧第四航空隊は第二一飛行隊に改編され、両飛行隊は第二航空隊に統合）が置かれ、一週間交代で当直航空隊に就き、艦艇や不審船の監視や災害派遣等の緊急事態が発生した時に速やかに発進して現場へ投入できるよう航空機と搭乗員を指定した応急出動機が待機に就いている。

応急出動機の発進が令されると、飛行隊の指定された搭乗員は直ちに航空機へ向い、列線整備隊の指定された整備員とともに離陸の準備を行い、機長たち幹部搭乗員は航空群司令部の作戦室で作戦当直士官から出撃前の説明を受け、機長は群司令に出撃報告を行った後、航空機へ向かう。

二二日未明、応急出動待機に就いていた第二航空隊のＰ－３Ｃ哨戒機五〇九五号機が、八戸航空基地を離陸し日本海へ向かって行った。当日の八戸は、北東の風秒速一ないし二m、気温〇・六度、みぞれが雪にかわりつつあった。

現場海域に到着したP-3C哨戒機は、日出とともに不審船の捜索を開始した。設定された捜索海域のうち、能登半島の西側海域では西北西の風秒速五から七m、雲ではあったものの降水現象はなく、計画どおりの捜索が実施でき、不審船が同海域に存在しないことが確認できた。

一方、能登半島東側の富山湾では、秒速二〇m以上の西北西の風が吹き荒び、降雪による悪天候に阻まれ、暴風が吹き荒れる中、P-3C哨戒機は低高度で捜索海域への進入を試みた。薄い雪雲に入ると稲妻が遠望され、次の瞬間、機内に閃光が走った。機体に雷を受けたのだった。エンジン計器や搭載電子機器には異状はなかったものの、機長は機体の点検が必要と判断、捜索を断念して八戸航空基地に帰投せざるを得なかった。

第二航空隊五〇〇七号機が八戸航空基地から発進して現場での捜索を引継ぎ、その後も第二航空隊から一機のP-3C哨戒機が現場に投入されたが、現場海域の天候悪化のため、二二日夕刻、不審船の捜索は一時中断された。

雪の八戸航空基地を離陸する第二航空群のP-3C哨戒機(海上自衛隊)

▼二二日午前　海上自衛隊　厚木航空基地

厚木航空基地の航空集団司令部では、自衛艦隊司令部からもたらされた情報に基づき、作戦主任幕僚の平田一佐は、「不審船は、能登半島東側の富山湾を移動中」と判断し、富山湾の天候は翌二三日午前三時頃から回復することが予想されることから、二三日の日出前に第二航空群のＰ－３Ｃ哨戒機を現場海域に再度投入させ、日出前にレーダにより捜索海域内の水上目標を捜索し、日出とともにレーダで探知した水上目標を目視によって確認させることとした。

▼二二日午前　海上自衛隊　船越基地

当時、海上自衛隊の艦艇と航空機は、海上機動運用を主任務とする護衛艦、潜水艦、掃海艇、固定翼哨戒機と艦載回転翼哨戒機等は自衛艦隊に、海峡や沿岸の防備を主要任務とする護衛艦、掃海艇、陸上回転翼哨戒機等は五つの地方隊に分かれて配属され、有事等においては地方隊の部隊を必要に応じて自衛艦隊隷下に編入して海上作戦部隊を編成するようになっていた。

横須賀の船越基地には、護衛艦が所属する護衛艦隊司令部、潜水艦が所属する潜水艦隊司令部、掃海母艦や掃海艦艇が所属する二個掃海隊群司令部が、厚木航空基地には、固定翼哨戒機や艦載回転翼哨戒機等が所属する航空集団司令部が所在し、これら艦艇や航空機の機動運用を統括指揮する自衛艦隊司令部が船越基地に所在している。

二二日朝、自衛艦隊司令部では、Ｐ－３Ｃ哨戒機による捜索に加え、護衛艦による警戒監視も検討され、二三日に訓練で出港を予定していた第三護衛隊群「はるな」、「みょうこう」、舞鶴地方隊の「あぶくま」の計三隻の護衛艦を緊急出港させ、不審船の捜索と警戒監視を行わせることを決定した。

▼二二日午前　横須賀小原台　防衛大学校

毎年三月末に行われる横須賀小原台にある防衛大学校の防衛大学校の卒業式には、自衛隊の最高指揮官となる内閣総理大臣が参列し、卒業生に対して訓示を行っている。

この日、小渕《おぶち》恵三《けいぞう》内閣総理大臣は、卒業後は陸海空自衛隊の幹部候補生学校を経て幹部自衛官となる第四三期卒業生たちに対し、彼らの門出を祝すとともに、「『新たな日米防衛協力のための指針』関連法案に関して）防衛指針は、より効果的かつ信頼性のある日米協力関係の増進の基礎となる。法案の早期成立、承認が極めて重要である」と訓示した。来賓席で訓示を聞いていた野呂田《のろた》芳成《ほうせい》防衛庁長官に、同行していた佐藤《さとう》謙《けん》防衛局長が、「日本海に不審船がいるという情報があります。まだ、はっきりとは確認はとれていませんが……」と耳打ちした。

▼二二日昼過ぎ　海上自衛隊　舞鶴基地

護衛艦「はるな」艦長の森《もり》井《い》洋明《ひろあき》（幹候二四期）一等海佐は、二三日に予定された訓練が急遽早められ、二二日午後には舞鶴基地を緊急出港することとなったため、警急呼集をかけて乗組員を帰艦させていた。前日の「春分の日」が日曜日と重なったため振替休日であった。

当日の舞鶴は、北北西の風が秒速八ｍ、気温三度、時々雪雲が流れてくる曇天であった。

舞鶴基地の岸壁では、緊急出港を命ぜられた第三護衛隊群護衛艦「はるな」、第六三護衛隊護衛艦「みょうこう」、舞鶴地方隊の第三一護衛隊護衛艦「あぶくま」へ、上陸中の乗組員たちが次々と帰艦してきた。舞鶴市内の食品業者に護衛艦三隻分の緊急調達がかかり、野菜等の生糧品を積んだ食品業者の車両が桟橋に次々と到着、帰艦した乗組員たちは作業服に着替え車両から生糧品を護衛艦の艦内へ手渡しで搭載していった。

午後三時過ぎ、三隻の護衛艦は北北西の風に雪が舞う舞鶴基地を緊急出港し、能登半島沖の日本海へ向かった。

三隻の護衛艦には、緊急出港までに帰艦が間に合わなかった乗組員が何名かいた。

海上自衛隊では、艦艇乗組員が帰艦に遅れて出港時刻に間に合わずに乗遅れることを「後発《こうはつ》航期《こうき》」といって厳しい処分の対象とされる。ただし、緊急出港の場合は、乗組員の三分の一以上が帰艦したところで出港してしまうため処分の対象とはならない。緊急出港に間に合わなかった乗組員の何名かは後に、護衛艦「はるな」の搭載ＳＨ‐60Ｊ哨戒ヘリコプターにより洋上を航行中の艦に戻ってきた。

三隻の護衛艦は、入り江となっている舞鶴港の港外に出ると、秒速一〇m以上の強い北西風が吹き荒れる日本海を能登半島東側の富山湾を目指して進んだ。

当日は、猛烈に発達した低気圧が日本海を通過し、現場海域は低気圧の後面部にあたり、等圧線の間隔がかなり狭くなった悪天候であった。

▼二二日午後　海上自衛隊　館山航空基地

休日の館山は、黒潮の流れに運ばれた春の風が吹き、晴れた空の下、野原には菜の花が咲き

護衛艦「はるな」(海上自衛隊)

「はるな」型護衛艦の1番艦として昭和48年2月就役。
全長:153m、排水量:4,950トン。兵装:5インチ単装速射砲2基、ASROC8連装発射機1基、高性能20mm機関砲2基、8連装対空短距離ミサイル発射機1基、3連装魚雷発射管2基、艦載回転翼哨戒機3基。乗員:370名。

護衛艦「みょうこう」(海上自衛隊)

「こんごう」型イージス護衛艦の3番艦として平成8年3月就役。
全長:161m、排水量:7,250トン。兵装:127mm単装速射砲1基、対艦ミサイル4連装発射機2基、高性能20mm機関砲2基、ミサイル垂直発射装置2基、3連装魚雷発射管2基。乗員:300名。

護衛艦「あぶくま」（海上自衛隊）

「あぶくま」型護衛艦の１番艦として平成元年12月就役。
全長：109m、排水量：2,000トン。兵装：76mm単装速射砲１基、対艦ミサイル4連装発射機２基、ASROC8連装発射機１基、高性能20mm機関砲１基、3連装魚雷発射管２基。乗員：120名。

夕陽を浴びながら出港作業を行う護衛艦甲板上の乗組員
（海上自衛隊）

誇っていた。

昼過ぎ、第一二三航空隊の当直室の電話が鳴り、電話を取った当直士官に第二一航空群司令部の当直幕僚から「第三護衛隊群が緊急出港する。第一二三航空隊は護衛艦『はるな』への緊急搭載の準備にかかれ！」と、緊急出港する護衛艦「はるな」へＳＨ-60Ｊ哨戒ヘリコプター3機の緊急搭載準備が下令された。

第一二三航空隊では、二三日から第三護衛隊群の訓練が予定されていたことから、この訓練で護衛艦「はるな」に搭載する三機のＳＨ-60Ｊ哨戒ヘリコプターと飛行隊先任幹部の横野《よこの》正和《まさかず》（航学二四期）二等海佐を派遣隊長とする六チーム一二人の搭乗員を既に指定していたため、指定されていた搭乗員を警急呼集するとともに、三機のＳＨ-60Ｊ哨戒ヘリコプターの飛行前準備が開始された。

呼集された搭乗員たちは、館山航空基地から陸上自衛隊の明野駐屯地、航空自衛隊の小松基地で燃料補給を行って能登半島沖を航行する護衛艦「はるな」までの飛行計画を立て、経由地との調整、飛行経路の天候の確認を行った。経由地までの飛行経路の天候には問題はなかったものの、猛烈に発達した低気圧が日本海を通過し、護衛艦「はるな」が航行する海域は低気圧の後面部にあたり、等圧線の間隔がかなり狭くなった悪天候であったため、館山航空基地の出発を天候の回復が予報される翌二三日早朝に変更した。

当時、第一二三航空隊は、第三護衛隊群の護衛艦への搭載を担当しており、同群の護衛艦は主に舞鶴基地、一部が大湊基地を定係港としていたため、過去にも遠距離の緊急搭載の実績も多く、搭乗員たちは救命胴衣やヘルメットを保管する部屋に必要最低限の艦内生活必需品を準備しておく態勢が整っていた。

派遣隊長の横野二佐は、第三護衛隊群の緊急出港にともなう緊急搭載であることは理解していたものの、護衛艦「はるな」搭載後に行う任務については知らされておらず、「いかなる任務にも対応できる準備を行え」と各チームの機長には指示した。当日は春の人事異動の時期であり各チームの機長は若い操縦士たちであったが、「搭乗員の中には高練度の航空士もおり、各チームともいかなる任務にも対応できる」と、横野二佐は確信していた。

二三日午前五時四〇分、館山航空基地の日出。

横野二佐率いる三機のＳＨ‐60Ｊ哨戒ヘリコプターが次々と館山航空基地を離陸し、陸上自衛隊の明野駐屯地、航空自衛隊の小松基地経由、能登半島沖を航行する護衛艦「はるな」へ向かった。

ＳＨ‐60Ｊ艦載哨戒ヘリコプターは、米国製ＳＨ‐60Ｂの機体をライセンス生産して防衛庁技術開発本部[*2]が開発した戦術情報処理表示装置等のシステムを搭載、平成三年六月から配備が始まって平成一一年には六五機が運用されており、操縦を行う操縦士（ＰＩＬＯＴ）、操縦士を補佐する副操縦士（ＣＯ‐ＰＩＬＯＴ）、レーダなどの機器を操作し任務に従事する航空士（センサー・マン）の計三名が乗組み任務飛行を行っている。

SH-60J哨戒ヘリコプター（海上自衛隊）

2　不審船を探せ！

▼二三日未明　能登半島沖の日本海

吉川榮治《よしかわえいじ》（幹候二二期）海将補が指揮する第三護衛隊群直轄艦の護衛艦「はるな」、第六三護衛隊護衛艦「みょうこう」は、大時化《おおしけ》の日本海を最大速度で航行し、二三日未明に能登半島沖の現場に到着した。

吉川群司令は、能登半島と佐渡島を結ぶ線上の東側に護衛艦「はるな」を、西側に護衛艦「みょうこう」を配備し、現場到着が遅れた第三一護衛隊護衛艦「あぶくま」を両艦の中間位置に配備した。

八戸航空基地を二三日未明に離陸した第四航空隊P‐3C哨戒機五〇四九号と五〇九九号が、日出前に現場に到着した。

P‐3C哨戒機は、昭和五六年一二月から配備が始まり、平成一一年には八三機が運用されており、任務飛行時には通常、操縦を行う操縦士（PILOT）、操縦士を補佐する副操縦士（CO-PILOT）、戦術指揮を行う戦術士（TACCO：Tactical Coordinator）、戦術士を補佐し航法と通信を担当する航法通信士（NAV／COMM：Navigation and Communication）の飛行幹部候補生を含む幹部搭乗員四名、機体やエンジンの機上整備を担当する機上整備員（FE：Flight Engineer）二名、音響センサーを担当する第一対潜員（SS‐1：Sensor Station 1）と

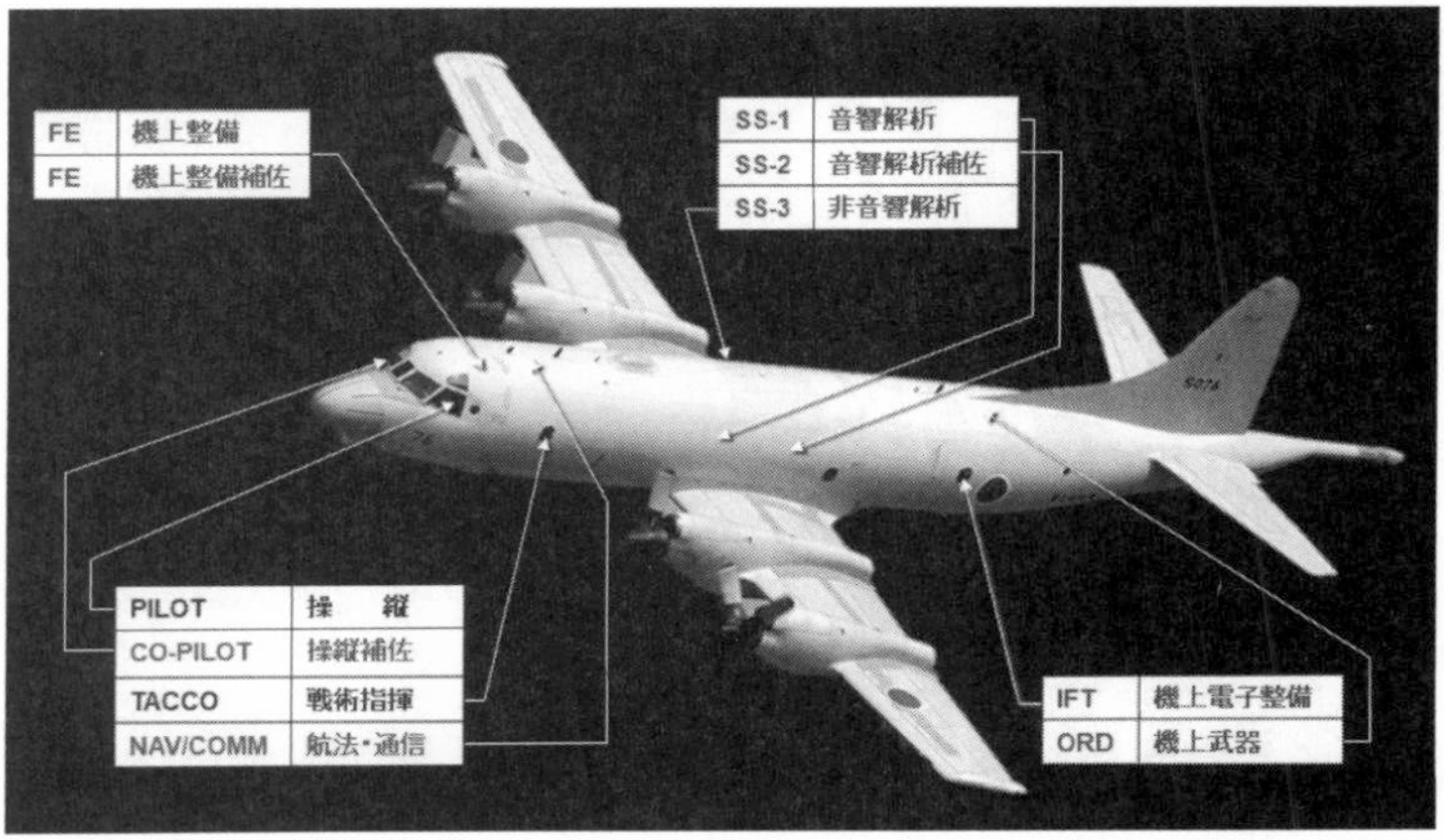

P−3C哨戒機の搭乗員と役割（筆者作成）

第二対潜員（ＳＳ−２：Sensor Station 2）、レーダや赤外線探知装置等の音響以外のセンサーを担当する第三対潜員（ＳＳ−３：Sensor Station 3）、機上における電子機器の整備を担当する機上電子整備員（ＩＦＴ：In-Flight Technician）、機上における弾火工品類の投下や艦船識別と写真撮影を担当する機上武器員（ＯＲＤ：Ordnance）各一名の海曹士搭乗員七名、計一一名の搭乗員が乗込み、操縦士または戦術士のいずれかの先任者が機長となり、機長の指揮の下、各搭乗員は各々の配置の任務を行っている。

「指定海域内のレーダ捜索を行う」

機長の指示に基づき、第三対潜員（ＳＳ−３）は、レーダにより捜索海域内に存在する水上目標の位置を入力し、目標の針路・速力を確認して戦術士の画面へコンピュータを介して送った。

「機長、水上目標のプロット（位置把握）終了」

現場海域は、前日までの荒天のため漁船はほとんど出漁していなかった。

午前五時四二分、現場海域の夜明け。

現場海域は、昨晩までの強風と雪まじりの雨を降らせた前線が通過し、九州付近にある高気圧からの北西風が強かったものの、前日までの荒天がまるでうそのように静まり、西南西の風が秒速一～二m、降水現象はなく、時々雲間から陽射しがある天候に回復していた。

Ｐ‐３Ｃ哨戒機は、レーダで探知した目標に対する目視による確認を開始した。

戦術士の指示するレーダ目標が、コンピュータを介して操縦席の画面へ送られ、操縦士は画面が示す目標までの方位・距離に基づいて目標へ近接する。

操縦席の後ろには、機上武器員が双眼鏡とカメラを持って控え、目標に近づくと双眼鏡により船種船型の識別を行い、識別結果を機長へ報告する。

「機長、前方の目標は日本小型貨物船」

「了解、次の目標に向かう」

こうして夜間にレーダで位置を把握した目標を次々と目視で確認を行っていった。

午前六時四二分、Ｐ‐３Ｃ哨戒機五〇九九号機は佐渡島西方約一〇浬の領海内において小型目標を視認した。

船舶の識別に向かうP-3C哨戒機
（海上自衛隊）

操縦席の後方から双眼鏡で目標を確認した機上武器員は、

「機長、目標は日本漁船らしい」

「了解、次の目標へ向かう」

「機長、ちょっと待って下さい。アンテナ類が異常に多い。もう少し近づいて下さい」

「了解、高度を下げて近接する」

「機長、ＯＲＤ（機上武器員）、日本国旗は揚げていますが、甲板上に漁具を積んでいない。漁船に不釣合いなアンテナ類が多数装備しています」

「了解、目標の写真撮影を行う」

「機長、船尾に観音開き扉のようなものがあります」

「機長、ＳＳ-３（第三対潜員）、赤外線探知装置（ＩＲＤＳ：Infra-Red Detection System）では排気が煙突ではなく船体から出ています」

搭乗員から次々と確認結果が機長へ報告された。

過去に発見された北朝鮮の工作船の特徴は、船型は日本漁船を偽装しているが、甲板上に漁具がないか漁具があっても使用された形跡がなく、多数周波数帯域のアンテナを装備、船尾に工作員潜搬入用の半潜水艇や高速艇を出し入れする観音扉を装備、高出力エンジンを搭載しているといわれる。

（目標は、これらの特徴を有し、前日の海面模様は漁船が操業できないくらい荒れており、通常であれば漁をあきらめて近くの漁港に避泊するはず…）

「不審船と判断する」

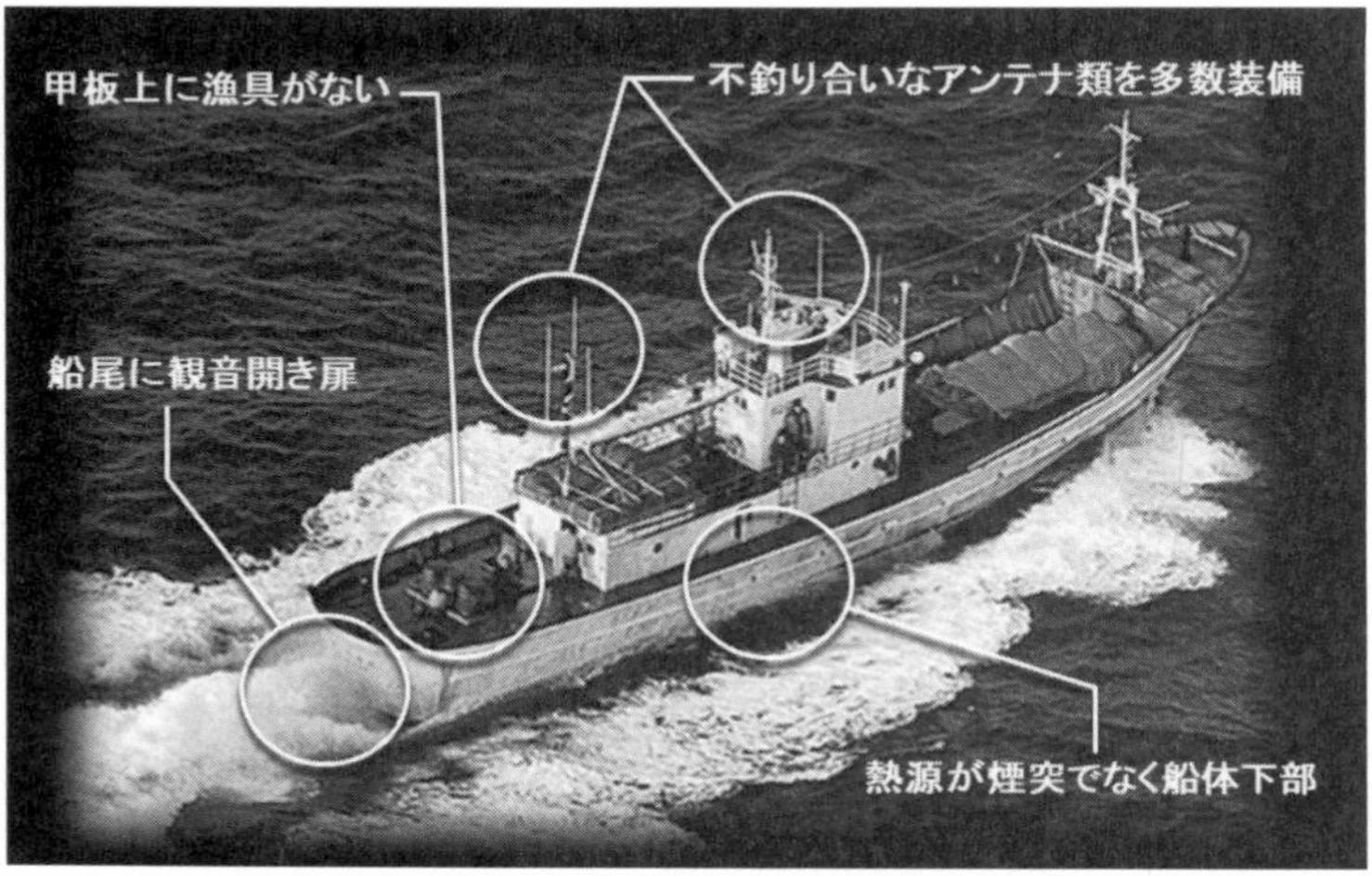

機上で確認した漁船とは異なる不審船の特徴
（防衛庁公表写真を基に筆者作成）

護衛艦の戦闘指揮所（CIC）で目標の確認と記録を行う
幹部乗組員（海上自衛隊）

機長は、全搭乗員に告げた。

「ＣＯ‐ＰＩＬＯＴ（副操縦士）は護衛艦『はるな』に状況を通報、ＮＡＶ／ＣＯＭＭ（航法通信士）は基地への探知報告を起案」

Ｐ‐３Ｃ哨戒機は、第三護衛隊群司令が乗艦する護衛艦「はるな」に不審な行船の発見を通報し、基地へ探知報告を行った後、捜索海域内におけるレーダ捜索と目視確認を継続した。

午前九時二五分、同機は、能登半島東方約二五浬の領海内において新たな不審船らしい目標を発見し、この目標も護衛艦「はるな」に通報した。

Ｐ‐３Ｃ哨戒機から通報を受けた吉川群司令は、護衛艦「みょうこう」と護衛艦「あぶくま」の二隻を警戒線上に残し、護衛艦「はるな」を二隻の不審船の確認に向かわせた。

午前一一時頃、護衛艦「はるな」は、Ｐ‐３Ｃ哨戒機から通報があった能登半島東方の目標位置付近に二隻の漁船を視認した。漁船の船体には、「第二八信盛丸《しんせいまる》」と船名が表記され、もう一隻は「第二大和丸《やまとまる》」と船名が表記されており、二隻の漁船に特異な事象は見られないことを目視によって確認した。護衛艦「はるな」は、二隻の漁船を日本漁船と判断し、情報を海上保安庁へ通報した後、佐渡島西方の不審船らしき目標の確認に向かった。

午後〇時一〇分、護衛艦「はるな」はレーダで小型目標を探知し、目視確認のためレーダ目標へ近接を続けた。午後一時〇三分、護衛艦「はるな」は目標を視認、船体に「第一大西丸《たいせいまる》」と船名が表記されているのを確認し、自衛艦隊司令部経由、海上保安庁に通報した。

海上自衛隊では、平成四年七月からＸバンド衛星通信を運用しており、洋上を行動する護衛艦と自衛艦隊司令部の間、洋上を飛行するＰ-３Ｃ哨戒機と所属する航空群司令部作戦室の間で迅速かつ確実な秘匿交話通信等が行える態勢が整備されていた。

護衛艦「はるな」からの報告を受けた自衛艦隊司令部は、直ちに海上幕僚監部、防衛庁経由、海上保安庁に不審船に関する情報を通報した。

▼二三日午前　航空自衛隊　小松基地

館山航空基地を離陸して護衛艦「はるな」へ向かう三機の第一二三航空隊ＳＨ-60Ｊ哨戒ヘリコプターは、陸上自衛隊の明野駐屯地で燃料補給を行い、館山航空基地離陸から約四時間後に航空自衛隊の小松基地に着陸した。

着陸後の点検において一機にエンジン防氷関係の軽微な不具合が発見された。横野二佐は、館山航空基地の第二一航空群司令部と諸調整を行い、その結果、護衛艦「はるな」搭載後の任務に万全を期すため、軽微な不具合が発生した機体を陸上自衛隊の明野駐屯地において別の機体と交替することとなった。交替する機体は、第一二三航空隊の可動機数の関係から、同じ館山航空基地に所在する第一二一航空隊の機体を用いることとなり、第一二一航空隊のＳＨ-60Ｊ哨戒ヘリコプターが館山航空基地から明野駐屯地に進出し、不具合が発生した機体は小松基地から明野駐屯地へ引返し、明野駐屯地において第一二三航空隊の搭乗員が第一二一航空隊のＳＨ-60Ｊ哨戒ヘリコプターに移乗して小松基地で燃料補給の後に護衛艦「はるな」へ向い、不具合が発生した機体は第一二一航空隊の搭乗員が移乗して館山航空基地へ帰投した。

先行した二機のＳＨ-60Ｊ哨戒ヘリコプターは同日昼前後に、機体を交替したＳＨ-60Ｊ哨戒ヘリコプターは夕刻に護衛艦「はるな」に着艦、三機は着艦時刻をもって搭載を完了し、以後、搭載が解除されるまで艦長の指揮下に入った。

3　偽りの船名

▼二三日午前一一時過ぎ　霞が関 海上保安庁本庁

午前一一時過ぎ、霞が関の海上保安庁警備救難部に、防衛庁から「第二八信盛丸」と「第二大和丸」の情報が入った。

午前一一時一〇分、警備救難部は、現場海域を担当する第九管区海上保安本部（新潟市）に情報を伝え、第九管区保安本部はヘリコプター「らいちょう」を海上保安庁新潟基地から発進させるとともに、七尾港（石川県）から巡視艇「はまゆき」を出港させ、現場海域へ向かわせた。

午前一一時三〇分過ぎ、ヘリコプター「らいちょう」は現場に到着し、「第二大和丸」を発見して写真撮影を実施した。

午後〇時五五分、第九管区海上保安本部からの船舶電話による呼出しに「第二八信盛丸」は応答し日本漁船であることが確認できた。

しかし、船舶電話での呼出しに「第二大和丸」からの応答はなく、海上保安庁が調べた結果、「第二大和丸」は午後〇時三〇分現在で兵庫県浜坂沖において操業中であることが判明した。

第九管区海上保安本部（新潟航空基地）の「らいちょう2号」
（海上保安庁）

海上自衛隊が発見した不審船「第二大和丸」
（『平成12年度版防衛白書』）』

第九管区海上保安本部は、「第二大和丸」を「不法操業の疑いがある日本漁船」と判断し、立入検査を行うため、富山湾沖で日韓漁業協定に関する監視業務を行っている巡視船「ちくぜん」を現場海域に急行させるとともに、新潟港、直江津港（新潟県）、七尾港から巡視船艇を出港させ、現場海域へ向かわせた。

午後一時一八分、海上保安庁の航空機が現場に到着し、「第二大和丸」に対して無線通信と着陸灯を点滅させる停船命令を行ったが応答はなく、「第二大和丸」は一一ノットの速力で北方へ向けて逃走を継続した。

午後一時過ぎ、防衛庁から海上保安庁に「護衛艦がさらに一隻、不審な漁船を発見した。船体には『第一大西丸』と船名が表記されている」との通報が入った。

午後一時一八分、海上保安庁のファルコン２０００中型ジェット飛行機が現場に到着、「第二大和丸」に対して着陸灯を点滅する停止指示を行ったが、同船は無視して北東に逃走した。

午後一時二〇分、海上保安庁は、通報のあった「第一大西丸」は既に平成六年に廃船となって漁船原簿から抹消されていることを確認した。

海上保安庁本庁は、警備救難部に対策室を設置し、第九管区海上保安本部、防衛庁との連絡調整と情報共有を強化する態勢に入った。午後二時、ヘリコプター「らいちょう」が、「第一大西丸」の針路前程に発煙筒を投下したが、同船は逃走を継続した。

午後一時五〇分、伏木港（富山県）から巡視船「のと」が、午後三時には金沢港（石川県）から巡視船「くろべ」が、午後四時には同港から巡視船「やまぎり」が緊急出港し、現場海域へ急行した。

▼二三日午前一一時二五分　永田町　首相官邸

海上保安庁から報告を受けた川崎二郎《かわさきじろう》運輸大臣は、午前一一時二五分、永田町の首相官邸に小渕総理大臣を訪ねた。

川崎運輸大臣は、

「海上自衛隊のＰ‐３Ｃ哨戒機がおかしな船を発見した」

と約三〇分かけて小渕総理大臣に不審船の発見と追尾状況を報告した。

▼二三日昼過ぎ　能登半島沖日本海の護衛艦「はるな」艦上

第一二三航空隊の二機のＳＨ‐60Ｊ哨戒ヘリコプターは、二三日の昼前後に相次いで護衛艦「はるな」に着艦した。

派遣隊長の横野二佐は、直ちに艦橋に向い、護衛艦「はるな」艦長の森井一佐と第三護衛隊

護衛艦に着艦するSH-60J哨戒ヘリコプター（海上自衛隊）

群司令の吉川将補に搭載完了の報告を行った。

吉川群司令からは、「哨戒ヘリコプターには、不審船に対する上空からの警戒監視、ビデオ撮影、海域内の未確認目標に対する警戒監視を行ってもらう」との指示があり、横野二佐は、哨戒ヘリコプターに期待されている任務が確認できたことにより、以後、派遣隊長として判断に迷うことはなかった。艦橋からは、視認できる距離を不審船が逃走しており、事態の深刻さを瞬時に認識するとともに、派遣搭乗員たちは任務に対する使命感と緊張感を一層高めた。

▼二三日午後一時〇三分　能登半島沖の日本海

警戒線上で警戒監視を行っていた護衛艦「みょうこう」は、一隻の漁船がゆっくりと北上してくるのを視認した。近接して船名を確認すると、昼前に護衛艦「はるな」が確認済みの「第二大和丸」であり、不審な事象も見られないことから同漁船から離れ、警戒線上での警戒監視に戻ることとした。

午後一時四〇分、「第二大和丸」がまだ護衛艦「みょうこう」の視界内にある時、第三護衛隊群司令に自衛艦隊司令部経由で海上保安庁からの情報が入った。

『第二大和丸』は現在、兵庫県浜坂沖で操業中であり、『第一大西丸』は平成六年に漁船原簿から抹消された漁船名である。これら二隻の不審な漁船については『不法操業の疑いがある日本漁船』と判断し立入検査を行うため、現在、巡視船艇を現場へ急行させている」

吉川群司令は、直ちに護衛艦「みょうこう」に「第二大和丸」の追尾を、護衛艦「はるな」には「第一大西丸」の追尾を命令した。

▼二三日午後　能登半島沖日本海の護衛艦「はるな」艦上

艦橋で搭載完了報告を済ませた横野二佐は、その直後、第三護衛隊群司令部当直幕僚から、ＳＨ‐60Ｊ哨戒ヘリコプターが撮影する不審船のビデオ映像の伝送手段に関して相談を受けていた。

当時の護衛艦には、衛星通信回線を介した映像伝送装置が装備されておらず、哨戒ヘリコプターから撮影したビデオ映像を如何に早く防衛庁、首相官邸へ届けるかが問題となっていた。

横野二佐は、海上幕僚監部防衛課業務計画班に勤務した経験から、航空自衛隊小松基地の第六航空団には画像電送装置があることを知っており、「哨戒ヘリコプターにより上空から不審船のビデオ撮影を実施した後、同機を小松基地に着陸させれば、撮影したビデオ映像を第六航空団経由で迅速に防衛庁へ伝送することが可能である」旨を助言し、やる場合には「航空自衛隊第六航空団との調整をよろしく御願いする」と幕僚に依頼し、搭乗員待機室へ戻って行った。

最初に任務飛行に就いたＳＨ‐60Ｊ哨戒ヘリコプターは、既に発艦し、人員輸送のため航空自衛隊小松基地へ向けて飛行中であった。

搭乗員待機室では、次の任務飛行に備え、各チームが慌ただしく飛行準備作業中であった。派遣隊長の横野二佐は、今後飛行する機長に対して、哨戒ヘリコプターに期待されている任務を確達するとともに、不審船のビデオ撮影に当る機長には、撮影要領と撮影後は航空自衛隊小松基地に着陸して撮影したビデオ映像を第六航空団司令部連絡員に渡すよう細部を指示した。

その後、任務飛行に就く機長と搭乗員は、発艦前に戦闘指揮所（CIC：Combat Information Center）で任務に関する説明を受け、飛行甲板に移動した。

「航空機一機が発艦する。発着艦関係員、配置につけ！」の艦内号令の後、十数分後の午後二時頃には、警戒監視とビデオ撮影の任務を受けたSH‐60J哨戒ヘリコプターが発艦し、不審船のビデオ映像を撮影して航空自衛隊小松基地に着陸、映像は画像伝送装置により防衛庁へ伝送され、テレビ局を通じて日本海を逃走する不審船の映像が報道され、日本海で起こっている事案の状況を国民に伝えることができた。

護衛艦「はるな」搭載のSH‐60J哨戒ヘリコプターは、任務飛行を終えて着艦すると直ちに燃料補給を行って搭乗員を交代し発艦、搭載完了から日没後も月明かりがなくなる午後九時過ぎまで、不審船に対する追尾、近隣海域内の警戒監視、小松基地や護衛艦「みょうこう」と

海上自衛隊が発見した不審船「第一大西丸」
（『平成12年度版防衛白書』）』

の間の人員輸送を連続して計六回の任務飛行を実施した。

搭乗員たちは、館山航空基地を早朝に離陸して約六時間をかけて護衛艦「はるな」に着艦、その後引続き連続した任務飛行に入った。派遣隊長の横野二佐は、相当な疲労感がありながらも搭乗員待機室で任務から戻った者がこれから任務に就く者へ情報を共有する等、若い航空学生出身の一尉三人と二尉二人の機長たちが緊張感を維持しながら任務を遂行する姿を頼もしく思った。

▼二三日午後　二時〇六分　能登半島沖の日本海

午後二時〇六分、海上保安庁の航空機が「第一大西丸」に対し、漁業法違反の嫌疑による立入検査を行うための停船命令を無線通信で行うとともに、同船の針路前方へ発煙筒を投下する停船命令を行ったが応答はなく、「第一大西丸」は一一ノットの速力で北方へ向かって逃走を継続した。


午後三時過ぎ、巡視船艇が現場海域に次々と到着し、巡視船「ちくぜん」と巡視艇「はまゆき」が、「第二大和丸」に対する対応を開始した。

「第二大和丸」を追尾中の護衛艦「みょうこう」には、第六三護衛隊司令の保井《やすい》信治《のぶはる》（幹候二三期）一等海佐が乗艦していた。保井隊司令は、現場における海上保安庁の指揮船である巡視船「ちくぜん」に対して国際ＶＨＦにより、「貴船の意図を知らされたい」と送信させた。

しばらくして、巡視船「ちくぜん」から、「ただ今検討中」との応答があった。

護衛艦「みょうこう」は、「第二大和丸」に対する最初の近接時、同船の後方および側方を五〇〇ヤードまで近接して詳細確認を実施した。保井隊司令も七倍双眼鏡を手にして、「第二大和丸」の船体を目で追うと、船体には稚拙な文字で「第二大和丸」と表記されており、船橋内では褐色のシャツを着て菜っ葉ズボンをはいた男が両足を踏ん張って正面を見据えたまま舵輪を操作している姿が見えた。

護衛艦「みょうこう」は、「第二大和丸」との距離を約四〇〇〇ヤードに保って追尾を継続した。巡視艇「はまゆき」は、「第二大和丸」のすぐそばまで近接して並走しており、巡視艇の甲板上には大勢の海上保安官が待機し、今にも接舷を試みるかと思われる勢いであった。

巡視船「ちくぜん」(海上保安庁)

「つがる」型巡視船の7番艦として昭和58年9月就役。全長:105.4m、排水量:3,652トン。兵装:35㎜単装機関砲1基、20㎜単装機関砲1基、救難回転翼機1機。乗員:10名。

▼二三日午後三時　霞ヶ関　海上保安庁本庁

午後三時頃、霞ヶ関の海上保安庁本庁に、航空機から撮影した不審船の写真が届いた。

「漁船なのに漁具がない」

「九本ものアンテナが装備されている」

川崎運輸大臣と楠本行雄《くすもとゆきお》海上保安庁長官は、写真を見ながら、「同船は工作船ではないか」という疑念を深めていった。

海上保安庁本庁では、二隻の不審船が日本の漁船名を表示していることから、漁業法違反の嫌疑による巡視船艇による立入検査を考えていた。しかし、第九管区海上保安本部からは、「北朝鮮の工作船であった場合、巡視船艇乗組みの海上保安官では危険過ぎて突入させられない」との意見もあり、大阪特殊警備基地を本拠地とする特殊な訓練を積んだ「海上保安庁特殊警備隊（ＳＳＴ：Special Security Team）」をヘリコプターにより巡視船「ちくぜん」に乗船させ、不審船が停船した後の立入検査に備えた。

▼二三日午後三時　永田町　首相官邸

午後二時二〇分、古川貞二郎《ふるかわていじろう》官房副長官が、首相官邸二階にある首相執務室に入り、小渕総理大臣に不審船に関する状況を説明、三〇分にわたって対応を協議した。

午後二時五五分、防衛庁運用課から、首相官邸の内閣安全保障・危機管理室に連絡が入った。防衛庁では、昼を過ぎたころから関係職員たちが「海上警備行動」の発令に備えた準備を開始し始めており、これらの準備を基に、内閣安全保障・危機管理室では「海上警備行動」も具体的な選択肢のひとつとして検討を始めた。

午後三時頃、川崎運輸大臣から首相官邸に電話が入った。

川崎運輸大臣は、電話に出た首相秘書官に、

「海上保安庁が不審船を追いかけている。総理大臣の耳に入れたい」

と伝えた。秘書官たちは、「省庁間の調整をしないといけない」と考え、関係閣僚を集める算段を開始した。

午後三時過ぎ、海上保安庁から安藤忠夫《あんどうただお》内閣危機管理監に、「日本海に怪しい船がいる」との情報が入り、これを受けて内閣安全保障・危機管理室は、外務省、防衛庁、海上保安庁など関係省庁の担当者を緊急招集して連絡会議を開催した。

しかし会議では、海上保安庁から「現在、情報を収集中であり、引続き監視に努める」との報告があったのみで会議は終了した。

午後三時五〇分、野中広務《のなかひろむ》官房長官が小渕総理大臣と協議し、事態の推移を見守ることを確認した。

▼二三日午後三時　海上自衛隊　厚木航空基地

海上自衛隊厚木航空基地には、第四航空群が所在し、その隷下に第三航空隊と第六航空隊の二個航空隊（平成一九年度に旧第三航空隊は第三一飛行隊、旧第六航空隊は第三二飛行隊に改編され、両飛行隊は第三航空隊に統合）が置かれ、一週間交代で当直航空隊に就いて応急出動機が待機していた。

八戸航空基地の第二航空群が連続して行っている能登半島沖の不審船に対する警戒監視の任務が、第八撃以降は第四航空群に引継がれ、厚木航空基地では第六航空隊の応急出動機の発進準備が進められていた。

第六航空隊の飛行隊では、応急出動機機長の佐藤一明《さとうかずあき》（航学二四期）二等海佐が飛行前点検を終え、運用班の飛行計画ボードの前で腕組みをして考え込んでいた。

当日は、春の人事異動を目前に控え、転出する幹部の多くが引越し準備のため休暇をとっており、任務機長の資格を有する幹部搭乗員が不足し、佐藤二佐のチームが発進した後の第二応急出動機の機長が確保できない状態にあった。

横須賀の船越基地で行われた対潜訓練事後研究会の会議を終え、厚木航空基地に戻った木村《きむら》康張《やすはる》（航学二九期）三等海佐が飛行隊に顔を出すと、佐藤二佐と目が合った瞬間、

「木村、帰ったばっかりで悪いけど、第二応急出動機の機長をやってくれ」

「いいっすよ」

と答え、戦術士である木村三佐が飛行計画ボードをみると、第二応急出動機の操縦士は幹部候補生学校を修業して再養成訓練を終えたばかりの三等海尉（航学四三期）、副操縦士と航法通信士は教育航空隊を修業して資格が付与されて間もない飛行幹部候補生（航学四六期）。

「前の方（幹部配置の搭乗員）は、すごく若いチームですね」

「寄せ集めだからね。まぁ、よろしく頼むよ」

木村三佐は第二応急出動機の機長となり、通常は第二応急出動機の搭乗員は制服のままで業務を行い、第一応急出動機の発進が決まったところで飛行服に着替えて飛行前点検等の準備を開始するが、連続した警戒監視飛行が続いている情勢を踏まえ、直ちに飛行服に着替えて飛行隊で待機に就いた。

当日の厚木航空基地は、秒速三ｍの北風、晴れ時々曇りで飛行作業には問題のない天候だっ

た。
午後四時前、佐藤二佐機長の第六航空隊P‐3C哨戒機五〇八〇号機は厚木航空基地を離陸、午後五時三〇分前に能登半島沖の現場海域に到着し、不審船を警戒監視していた第二航空群の第二航空隊P‐3C哨戒機五〇〇四号機から任務を引継ぎ、不審船の追尾を継続した。

4　不審船は北朝鮮工作船？

▼二三日午後五時　檜町（六本木）防衛庁

防衛庁の敷地西側に、地上二階、地下三階の中央指揮所庁舎内に、統合幕僚会議第一幕僚室の中央指揮所管理運営室が管理する中央指揮所（CCP：Central Command Post）があり、ここは防衛庁長官が自衛隊部隊の指揮を執る施設であった。

この日、中央指揮所と首相官邸とを直接繋げている電話回線が不調であり、指揮中枢を防衛庁本館二階の防衛庁長官室に移していた。

長官室には午後五時過ぎから、江間清二《えませいじ》防衛事務次官をはじめ、関係局長ら内局幹部、海上幕僚長ら自衛官幹部が集まり、情報の収集と分析にあたっていた。

午後五時過ぎ、野呂田防衛庁長官は緊急協議へ出席するため、防衛庁から首相官邸へ向かった。

当時の防衛庁の組織は、次頁の図のとおりであり、自衛隊の最高指揮官である内閣総理大臣の下、陸海空幕僚長は防衛庁長官の行う部隊運用を補佐し、統幕会議議長は陸海空自衛隊の行

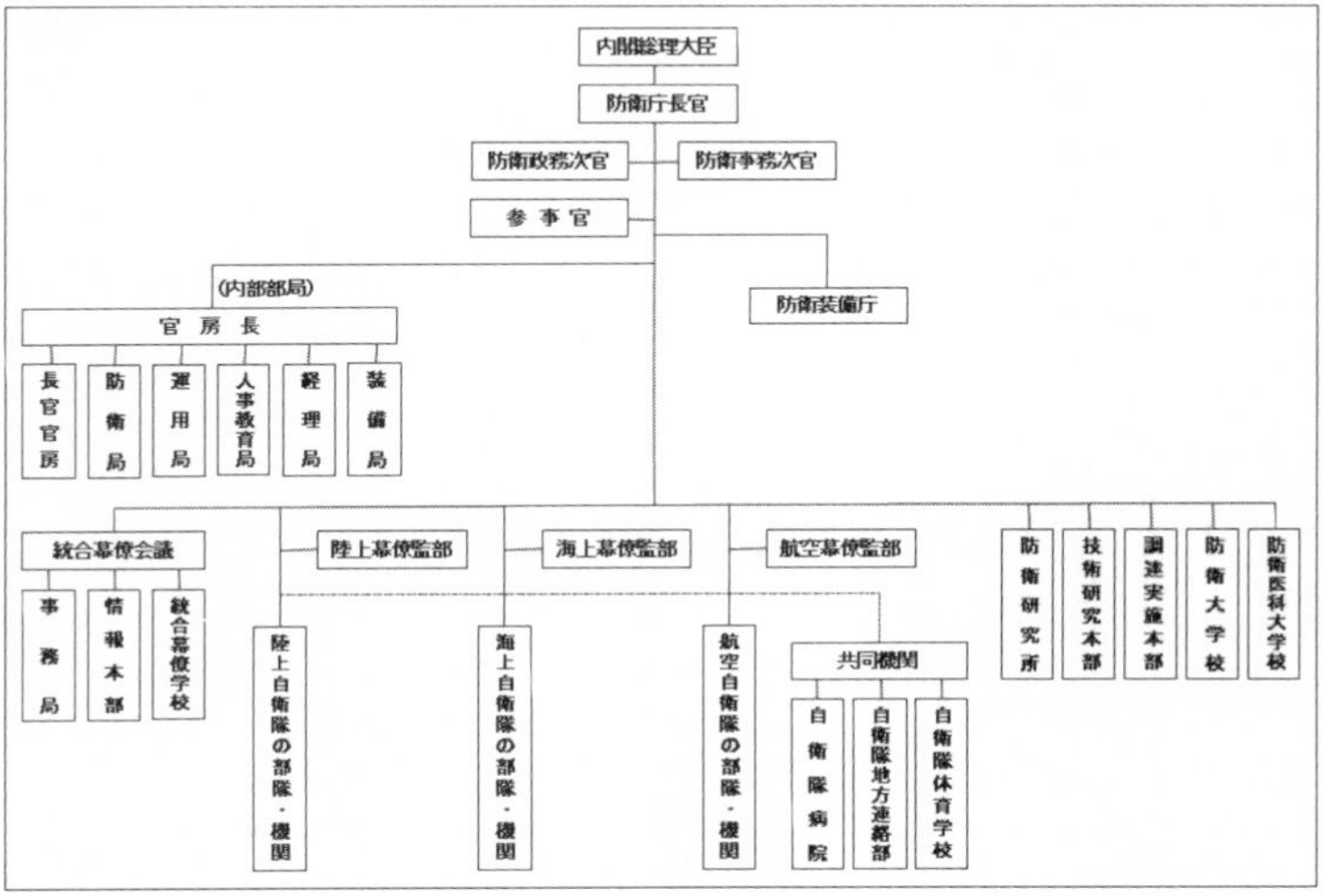

防衛庁の組織図（『平成11年防衛白書』を基に筆者作成）

う作戦を必要に応じて統合調整を行うことを基本とし、内部部局は政策的・行政的な面から防衛庁長官を補佐していた。

防衛政務次官は、内閣が国会議員から任命して政治と行政の調整を行う副大臣格の地位であり、防衛庁長官不在の場合には職務を代行した。防衛事務次官は、防衛庁の自衛官を除く特別職国家公務員を総括する最上地位にあり、各部局の行政事務を監督していた。

▼二三日午後五時三七分　永田町　首相官邸

午後五時三七分、首相執務室では、小渕総理大臣を囲んで野中官房長官、野呂田防衛庁長官、川崎運輸大臣、高村《こうむら》正彦《まさひこ》外務大臣、古川官房副長官、加藤良三《かとうりょうぞう》外務省総合外交政策局長らが参集した。

内閣安全保障・危機管理室の職員らが、現状を報告するとともに、今後、想定し得る事態について説明を行った。

「立入検査を行えば、北朝鮮工作員は自爆しかねない」

「銃撃戦も十分に考えられる」

室内の緊張は一気に高まった。

海上保安庁は、海上において人命および財産を保護し、法律に違反する行為を予防するため、疑いのある船舶の船内を捜査して違法行為を鎮圧することを「使命」とし、海上保安庁長官は運輸大臣の指揮監督を受けながら、その「使命」を果たす組織である。

能登半島沖で発見された二隻の不審船は、日本漁船名を偽称して領海内で操業していた疑いがあり、巡視船が漁業法違反容疑で立入検査を行うために発した停船命令を無視して逃走を継続している。しかし、巡視船艇の速力は高速で逃走する不審船には及ばず、距離は徐々に引離され、海上保安庁の保有する航空機の機数は少なく連続して現場へ投入することは困難である。

厳しい立場に置かれながらも、川崎運輸大臣は、

「不審船の追跡は、一義的に海上保安庁の任務です。海上保安庁の能力、法的に許される範囲内で全力を投じます」

と、海上保安庁に与えられた「使命」を全力で遂行する決意を述べた。

野中官房長官からは、

昭和4年に完成した首相官邸。現在は首相が日常生活する首相公邸として使用　（内閣官房内閣広報室）

「海上警備行動を発令する場合は、どのような手続きになるのか」という質問があり、野呂田防衛庁長官は、

「海上保安庁による追跡が不可能か困難になった場合、総理大臣の承認、安全保障会議と閣議の決定を受け、海上警備行動を発令できます」

と答えた。会議の場では、積極的に海上警備行動を提案する声はなかった。

「法的に齟齬がないように」

「国際法に照らしても責めを受けるようなことがないように」

野中官房長官の口ぶりは慎重だった。

最後に小渕総理大臣は、「中国、ロシア、韓国には、きちんと連絡しておいてくれ」と高村外務大臣に指示した。

ただし、この会議の場で、「不審船に対しては毅然とした対応を採ること」が確認され、「当面は、海上保安庁の巡視船による停船命令での対応を優先」することとなり、首相官邸に対策室を設置することが決定された。

小渕総理大臣は、「いかなる事態にも即応できるようにしてほしい」と、関係閣僚に指示をした。

午後六時一〇分、首相官邸別館の危機管理センターに官邸対策室が設置され、安藤内閣危機管理監を室長とし、伊藤康成《いとうやすなり》内閣安全保障室長ら約二〇名の関係職員が情報の収集にあたった。

▼一三日午後六時　霞ヶ関　運輸省

午後六時三九分、首相官邸から運輸省に戻った川崎運輸大臣は、運輸省五階で緊急記者会見を開催した。川崎運輸大臣は、「能登半島沖の不審船について記者会見を行わせていただく」と前置きした上で、海上保安庁による対応について事実関係を記者たちに説明した。

不審船の国籍に関する記者から質問に対して川崎運輸大臣は、

「現時点では、海上保安庁は少なくとも日本の漁船という前程で不審船を追跡しており、漁業法第七三条第三項（漁業監督官または漁業監督吏員は、必要があると認めるときは、漁場、船舶、事業場、事務所、倉庫等に臨んでその状況若しくは帳簿書類その他の物件を検査し、または関係者に対し質問をすることができる）に基づいた立入検査のための停船命令を行っている」

と述べ、北朝鮮工作船の可能性についての質問には、「まったくわかりません」と述べるにとどめたものの、「仮に、不審船が武力を行使してきた場合は、首相官邸の指示により、別の段階に進むことになる」と答えた。

▼一三日午後六時　檜町（六本木）防衛庁

午後六時前、守屋武昌《もりやたけまさ》官房長は、野呂田防衛庁長官から防衛庁内局、統合幕僚会議、陸海空幕僚監部、情報本部の関係幹部を長官室に集合させるよう命ぜられた。

江間防衛事務次官、守屋官房長、佐藤防衛局長、柳沢協二《やなぎさわきょうじ》運用局長、夏川和也《なつかわかずや》統合幕僚会議議長、藤縄祐爾《ふじなわゆうじ》陸上幕僚長、山本安正《やまもとやすまさ》海上幕僚長、平岡裕治《ひらおかゆうじ》航空幕僚長、國見昌宏《くにみまさひろ》情報本部長が長官室に参集した。

　午後六時過ぎから会議が始まり、佐藤防衛局長は、

「能登半島沖で海上自衛隊のＰ－３Ｃ哨戒機が監視飛行中、二隻の不審船を発見し海上保安庁に通報した。現場では、海上保安庁の巡視船が不審船を追跡している。防衛庁も海上自衛隊の護衛艦三隻とＰ－３Ｃ哨戒機を現場に派遣した」

　と説明した。野呂田防衛庁長官は、

「このオペレーションは、夜を徹した長いものになる。諸官には、状況の変化に応じて機敏に対応し、職務遂行にあたって欲しい」

と述べ、

「勇退の内示のあった統合幕僚会議議長、海上幕僚長は（送別会等の）予定もあると思うが、すべてをキャンセルし、この問題に対処してもらいたい」

と告げた。夏川統合幕僚会議議長と山本海上幕僚長は、この三月末で勇退する内示が出たばかりであった。

　午後七時三〇分過ぎ、野呂田防衛庁長官は、長官室で記者団に対して緊張した面持ちで状況を説明した後、長官室に籠もりっぱなしとなり、長官室では断続的に会議が行われ、内局や自衛隊幹部らが頻繁に出入りを繰返していた。

　守屋官房長は、野呂田防衛庁長官から「現場の状況を首相官邸に逐一連絡するように」と命ぜられ、防衛庁の動きを首相官邸の野中官房長官、古川官房副長官に伝え、首相官邸からの指示を防衛庁長官室に詰めている「重要事態対応会議」の構成員に伝えていった。

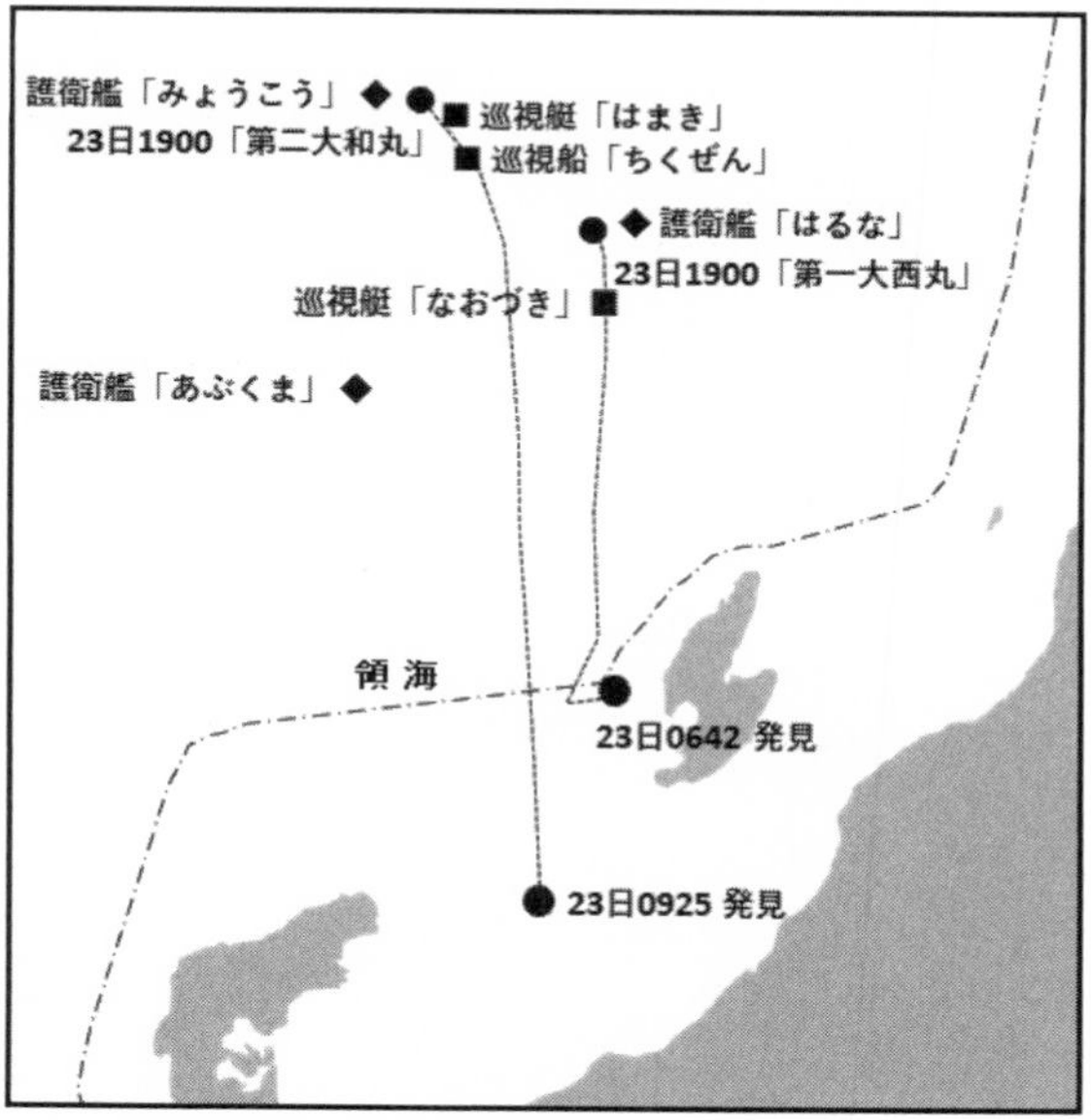

不審船を追跡する巡視船・護衛艦の態勢
（筆者作成）

「重要事態対応会議」とは、野呂田防衛庁長官が着任後、重要事態が発生した場合に自衛隊が的確な行動を行える態勢を整えることを目的として、内局と統合幕僚会議、陸海空幕僚監部の幹部が本音で検討を行える場として設置された会議である。

この事件が発生するまさに一週間前には、この会議で防衛庁長官、防衛事務次官、関連する内局局長、統合幕僚会議議長、陸海空幕僚長が、「海上警備行動」についての議論を行ったばかりであった。

▼二三日午後六時三〇分　能登半島沖の日本海

現場海域の日没が過ぎた午後六時三〇分頃、天候は南南西の風秒速二ｍ、晴れ一時曇りと回復し、巡視船「ちくぜん」は、「第二大和丸」の約二㎞まで近接した。海上は薄暮でまだ薄明るく、巡視船「ちくぜん」から、一一ノットで逃走する「第二大和丸」ははっきりと視認されており、同船の甲板上には乗員の姿はなく、同船の左前方には護衛艦「みょうこう」が、後方には巡視艇「はまゆき」が同船を追跡していた。

巡視船「ちくぜん」の下川宏《しもかわひろし》船長は、「第二大和丸」に対して無線通信、国際信号旗、発光信号、音響信号を用いて停船命令を出したものの、同船からの応答はなく、同船は北方へ向かって逃走を継続していた。

午後七時過ぎ、「第二大和丸」が速力を急激に二〇ノットまで上げたため、追跡する巡視船「ちくぜん」、巡視艇「はまゆき」と同船との距離は急速に広がっていった。

「第一大西丸」も増速しながら逃走し、追跡している巡視艇「なおづき」との距離も引離されていった。

海上保安庁は、現場海域に延べ一五隻の巡視船艇と延べ一二機の航空機を投入し、二隻の不審船を追跡するとともに、両船に対して停船命令を繰り返し行ったものの、両船はこれらの命令を無視して増速しながら逃走を継続した。

註

＊1　李光洙（辺真一訳）『潜行指令　証言·北朝鮮潜水艦ゲリラ事件』（ザ・マサダ、一九九八年）一七～一八頁。

＊2　平成二七年一〇月、陸海空幕僚監部の技術部、経理装備局、装備施設本部と集約・統合して防衛装備庁に改編

第2章

追　跡

「毅然と対応」意思確認
不審船が侵犯、威嚇射撃
能登半島と佐渡沖
日本海に不審
危機管理
巡視船が威嚇射撃1200発
異例の威嚇射撃
北方へ逃走中
JAPAN COAST GUARD
PLH06

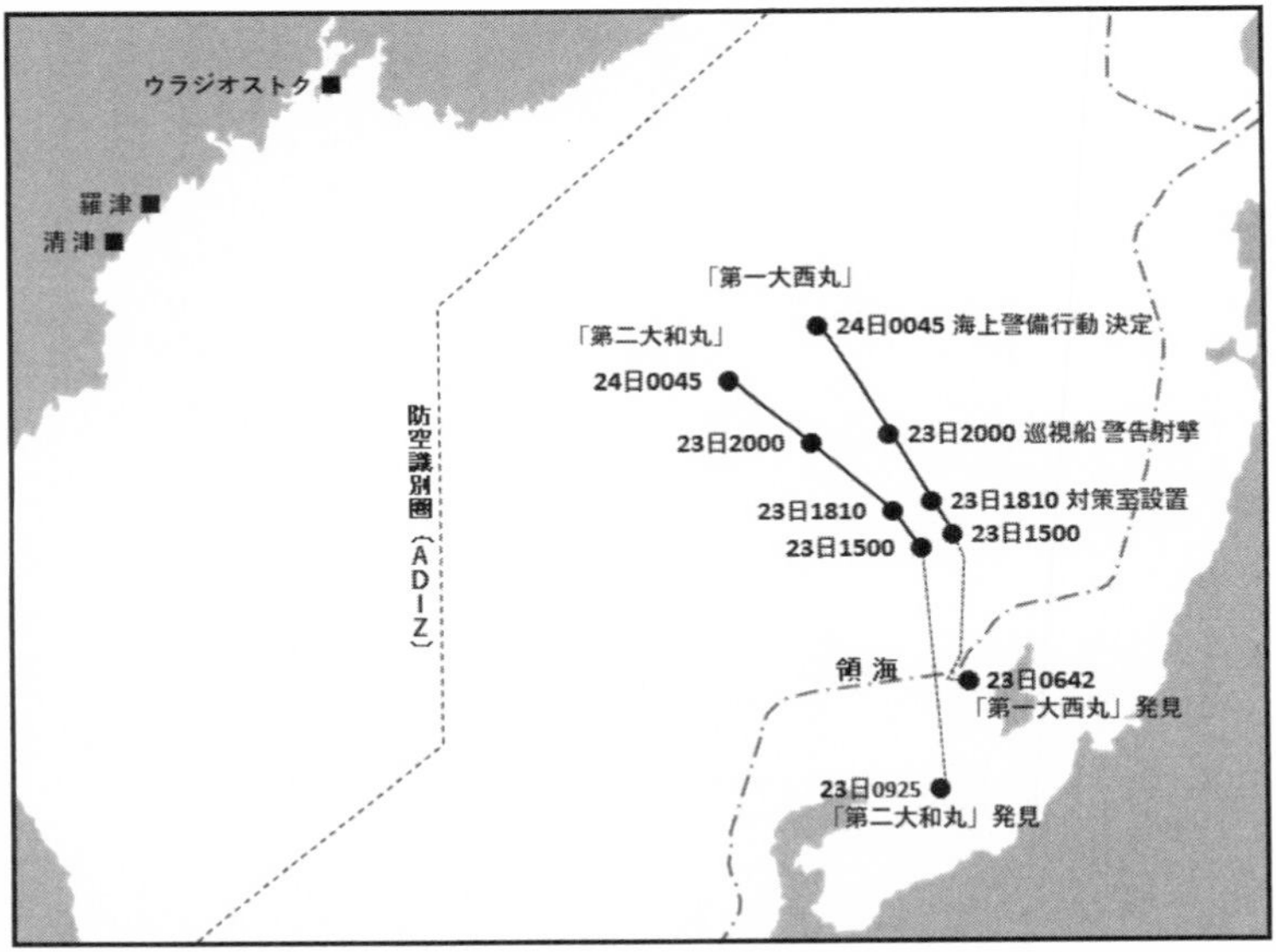
ウラジオストク
羅津
清津
防空識別圏（ADIZ）
「第一大西丸」
24日0045 海上警備行動 決定
「第二大和丸」
24日0045
23日2000
23日2000 巡視船 警告射撃
23日1810 対策室設置
23日1810
23日1500
23日1500
領海
23日0642
「第一大西丸」発見
23日0925
「第二大和丸」発見

日　時	生　起　事　象
3月23日午後7時31分	第9管区海上保安本部長、巡視船艇による警告射撃を下令
23日午後7時35分	巡視船「ちくぜん」、「第二大和丸」に対し警告射撃を開始
23日午後8時24分	巡視艇「はまゆき」、「第二大和丸」に対し警告射撃を開始
	「第二大和丸」は警告を無視して増速し高速で逃走を継続
23日午後8時31分	巡視艇「なおづき」、「第一大西丸」に対し警告射撃を開始
	「第一大西丸」は警告を無視して増速し高速で逃走を継続
23日午後8時55分	川崎運輸大臣から野呂田防衛庁長官に「省庁間協力」の要請
23日午後9時12分	「第二大和丸」、巡視船「ちくぜん」のレーダ覆域外へ逃走
	燃料を消費して巡視船艇は次々と現場海域から離脱して帰投開始
23日午後11時過ぎ	P-3C哨戒機5070号機が現場到着、「第一大西丸」の追跡を開始
23日午後11時47分	護衛艦「はるな」、「第一大西丸」の停船を確認
24日午前0時過ぎ	P-3C哨戒機5098号機が現場到着、「第二大和丸」の追跡を開始
24日午前0時30分	川崎運輸大臣から野呂田防衛庁長官に「海上警備行動」の要請
	小渕総理大臣、「海上警備行動」の発令を決断
24日午前0時45分	「海上警備行動」の発令を安全保障会議と閣議を経て承認

「平時には調整や根回しが重視されるが、有事にあっては決断、判断が強く指揮官に求められる」

中村悌次《なかむらていじ》　第11代海上幕僚長　海将（海兵67期）

1　巡視船、四六年ぶりの警告射撃

▼二三日午後三時　新潟　第九管区海上保安本部

午後三時、第九管区海上保安本部の岩男登《いわおのぼる》本部長は、霞ヶ関の海上保安庁本庁警備救難部に電話をかけ、「通達のとおりやりますよ」と告げた。

海上保安庁は、海上保安庁法第二〇条に基づき、警察官職務執行法第七条を準用して「公務執行に対する抵抗の抑止」として武器を使用して停船のための警告射撃を行える権限を有している。

川崎運輸大臣は、二三日午後の段階で海上保安庁に対し、停船させるための警告射撃の許可を出しており、霞ヶ関の海上保安庁本庁から第九管区海上保安本部へは、「警告射撃のための武器使用は、管区海上保安本部長に権限を委ねる」旨の通達が出されていた。

海上保安庁による警告射撃は、昭和二八年八月八日、北海道猿払村《さるふつむら》沖で、日本に潜入した工作員を収容するため領海内に侵入した漁業巡回船に偽装したソ連工作船を巡視船が発見、逃走する同船に対し停船命令を行ったところ、機銃で応射しながら逃走したため、巡視船「ふじ」が警告射撃、次いで船体に対する射撃を行って航行不能となった同船を拿捕し乗員全員を検挙（ラズエズノイ号事件）して以来、四六年間行われていなかった。

第九管区海上保安本部は、現場海域で行動中の巡視船艇に対し、停船命令から警告射撃に至るまでの間の写真やビデオによる記録の実施といった指示、射撃を行う際のヘルメットや防弾チョッキの着用といった注意事項等が記された手続きリストを既に送っていた。

逃走する不審船の増速にともない、現場海域で追跡を行っている巡視船艇の燃料消費量は増大しつつあった。

（このままでは、不審船を停船させ立入検査を行うという「使命」を達成することができなくなる……）

岩男第九管区海上保安本部長は、「振切られる時は、撃たなければならない」と決断した。

午後七時三一分、現場海域で不審船を追跡中の巡視船艇に対して警告射撃の開始が下令された。

▼二三日午後七時三五分　能登半島沖の日本海

午後六時〇六分、能登半島沖の現場海域は日没となった。

午後七時三五分、巡視船「ちくぜん」は、第九管区海上保安本部長から警告射撃の指示を受けた。巡視船「ちくぜん」は、三五㎜単装機関砲と二〇㎜単装機銃を装備している。

巡視船「ちくぜん」の下川宏船長は、

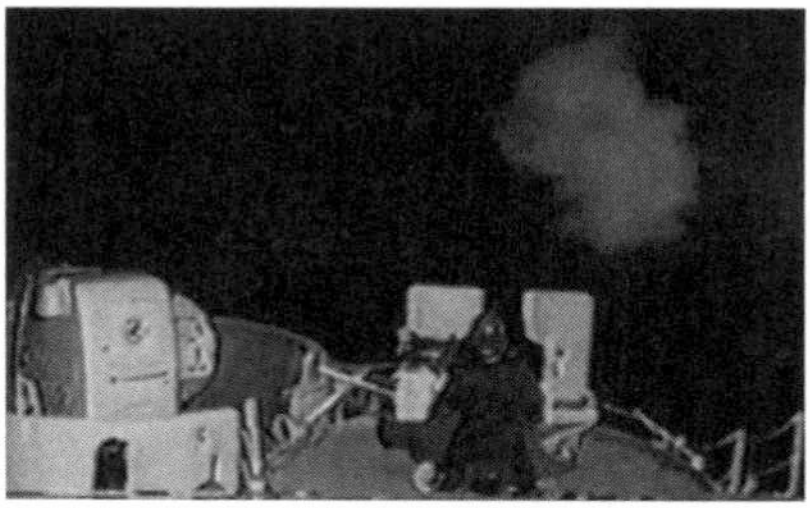

巡視船「ちくぜん」の20㎜機銃による警告射撃（海上保安庁）

「三五㎜機関砲での警告射撃は威力がありすぎ、万が一砲弾が命中した場合に必要以上の被害を与えてしまう」と判断し、二〇㎜機銃による警告射撃を決断した。

現場海域は、既に闇に包まれていた。

午後七時四〇分、「第二大和丸」の左前方を並走する護衛艦「みょうこう」は、巡視船「ちくぜん」から国際ＶＨＦ通信で、「ただ今から警告射撃を行う。照明弾による目標の照射を御願いする」との依頼を受けた。

護衛艦「みょうこう」艦長の鈴《すず》木《き》英隆《ひでたか》（幹候二五期）は、自衛艦隊司令部と調整を行い、照明弾ではなく探照灯により目標を照射して巡視船艇の行う警告射撃を支援することとした。

午後八時、護衛艦「みょうこう」の探照灯照射により、闇の中に浮かび上がった「第二大和丸」の後方約九㎞に位置した巡視船「ちくぜん」が二〇㎜機関銃により、海面へ向けた警告射撃を約一分間計五〇発実施した。

午後八時二四分、引続いて巡視艇「はまゆき」が、「第二大和丸」の後方から一三㎜機銃により、海面へ向けた警告射撃を実施した。

午後八時三一分、高速で逃走する「第一大西丸」に対し、同船を追跡中の巡視艇「なおづき」が自動小銃により海面へ向けた警告射撃を計一五〇〇発実施した。

護衛艦「みょうこう」に乗艦している保井隊司令の目には、探照灯が照出す「第二大和丸」

巡視艇「はまゆき」（海上保安庁）
むらくも型巡視艇の20番艇として昭和57年2月就役。
全長:31m、排水量:150トン。兵装:12.7mm機関銃1基、乗員:10名。

巡視艇「なおづき」（海上保安庁）
あそぎり型巡視艇の4番艇として平成9年1月就役。
全長:33m、排水量:101トン。兵装:12.7mm機関銃1基、乗員:10名。

と巡視船「ちくぜん」が行っている警告射撃の射線は大きく異なっているように映り、「船体に当てるなと厳命されているのであろう」と感じた。

佐藤二佐機長の第六航空隊P－3C哨戒機五〇八〇号機は、二隻の不審船を追尾中の午後七時半頃、遠方に海上保安庁巡視船が不審船に対して行った警告射撃の閃光を視認し、不審船への近接を見合わせた。午後八時反頃、再び巡視船による警告射撃の閃光を視認するとともに、第四航空群司令から、「不審船の携行型対空ミサイル射程圏内への近接を禁止する」旨の命令を受けた。

巡視船艇による警告射撃の開始により、「第二大和丸」と「第一大西丸」は、航海灯を消灯して速力を二四ノットに増速して逃走を継続した。

現場の風速は弱まりつつあったものの、依然として波が高いため小型船舶への接舷は危険な状態であった。時間の経過とともに波は徐々に収まってきたが、「第二大和丸」が増速して逃走したため、巡視艇「はまゆき」が追いつけず、両船は接舷が不可能な態勢となっていった。

午後九時一二分、高速で逃走する「第二大和丸」も、同船を追跡していた巡視船「ちくぜん」のレーダ覆域の外へ逃走してしまった。

二隻の不審船が速力を増速しながら高速で逃走したため、追跡していた巡視船艇は燃料を消耗して次々と現場海域から離脱し、帰投していった。

現場海域からすべての巡視船艇が離脱してしまった後、護衛艦「はるな」に乗艦する吉川群司令は、三隻の護衛艦に航海灯を消灯させ灯火管制を命じた。

自衛艦隊司令部から衛星通信回線を通じて吉川群司令に、「今後の事態の進展に備え、万全の準備をされたい」との連絡が入った。

▼二三日午後七時過ぎ　海上自衛隊　厚木航空基地

厚木航空基地では、第六航空隊の飛行隊事務室のテレビで、巡視船が逃走する不審船に対し停船のための警告射撃を開始したとの報道が流れる中、第一応急出動機と第二応急出動機の機長が出撃報告のため、第四航空群司令部作戦室へ向かった。

当初は、第一応急出動機のみが第九撃として、二隻の不審船を警戒監視している佐藤二佐機長の第六航空隊Ｐ‐３Ｃ哨戒機五〇八〇号機から任務を引継ぐ予定であったが、不審船二隻が各々分離して高速で逃走を始めたため、第二応急出動機も同時に発進させ、二機のＰ‐３Ｃ哨戒機により各々の不審船の警戒監視を行うこととされた。

群司令部では、両機長は当直幕僚から現場の天候や巡視船による不審船への対応状況等の説明を受けた後、梅野正《うめのただし》（幹候一八期）第四航空群司令から二機の機長に付与された任務は「不審船の追尾」であり、不審船からの攻撃を考慮して「搭載していることが見積られる携行型対空ミサイルの射程圏内には近接しないこと」との命令を受けた。

先任機長となる木村三佐は、情勢の急変に備えるため、群司

飛行前点検を行うP-3C搭乗員
（海上自衛隊）

令に機番号の変更を上申した。

当時、衛星通信装置や国際ＶＨＦ通信装置を装備したＰ－３Ｃ哨戒機は、航空隊への配備途上にあり、二機の応急出動機は、これらの通信装置が搭載されていないＨＦ通信装置装備機であり、ＨＦ通信では夜間においては電離層の状況に影響されて現場と基地の間の円滑な通信が確保できない恐れがあり、また、現場では巡視船は国際ＶＨＦ通信により不審船に対する警告等を行っていることから、先任機長の木村三佐の機を衛星通信装置を装備する五〇九八号機、僚機を国際ＶＨＦを装備する五〇七〇号機とすることで群司令の了解を得た。

木村三佐は、群司令部から第六航空隊の飛行当直士官に、「機番号を変更し、直ちに飛行前点検を開始する」旨を二機の搭乗員へ伝えるよう電話した。

▼二三日午後七時過ぎ　海上自衛隊　八戸航空基地

不審船に対する警戒監視任務を行っていた第二航空群では、警戒監視任務が厚木航空基地の第四航空群へ引継がれたため、当直航空隊の第二航空隊は通常の勤務態勢に戻っていた。

第二航空隊の飛行隊事務室では、第一応急待機機の操縦士であり機長の坂田竜三《さかたりゅうぞう》（幹候三三期）二等海佐は、能登半島沖で巡視船艇が行っている不審船に対する警告射撃に関するテレビの報道を注視していた。飛行隊事務室には、緊張した空気が流れていた。

坂田二佐は、数日後、飛行隊長になることが内示されていた。

▼二三日午後八時過ぎ　海上自衛隊　厚木航空基地

航空集団司令部では、事態の緊迫化にともない海上警備行動の発令に備え、平田作戦主任幕僚を中心として、海上警備行動において航空部隊として何ができるのかを検討した。

その結果、「一五〇kg対潜爆弾を不審船の針路前程に投下する」という案が導出された。一五〇kg対潜爆弾とは、P-2J対潜哨戒機以前における対潜哨戒機の主要な対潜攻撃武器であり、対潜哨戒機が追尾する潜水艦に対して投下すると、着水後、予め調定された深度の水圧となると海中で爆発し、その衝撃で潜水艦の船体を破壊する攻撃武器である。P-2J対潜哨戒機が全機除籍後は、P-3C哨戒機が観艦式などの展示飛行時、爆発時の水柱が最大となるよう調定深度を最も浅くして投下していた。

P-2J対潜哨戒機による対潜爆弾の投下
（海上自衛隊）

警告のために一五〇kg対潜爆弾を用いるには、深夜において不審船に対潜爆弾の投下を認識させつつ、不審船に危害を与えない位置に弾着させることが求められ、加えて工作船と推定される不審船は携行型の対空ミサイルを搭載していることも考慮する必要があった。

高速で逃走する不審船に対して一五〇kg対潜爆弾を投下する際、弾着位置が不審船に近過ぎれば爆発の勢いで不審船が転覆してしまい、遠すぎれば警告効果が期待できなくなる。

航空集団司令部では、同じ厚木航空基地に所在する実験航空隊である第五一航空隊とともに、一五〇kg対潜爆弾による効果的な警告爆撃の実施要領について検討を行った。投下から爆発までの秒時と目標の逃走速力から目標針路前程への弾着距離を算出し、目標が搭載していると見積られる携行型対空ミサイルの射程等を考慮して一回の航過で投下を終了させる計画を策定し、福谷航空集団司令官の了承を得て第二航空群に準備を予令した。

▼二三日午後八時過ぎ　海上自衛隊　八戸航空基地

海上自衛隊では三月下旬は春の人事異動の時期であり、八戸市内で送別会を行っている第二航空群隷下部隊もあった。

二隻の不審船に対する海上保安庁の対応が困難になり、海上自衛隊に対して海上警備行動が下令される可能性が高まったことから、第二航空群にも出撃のための準備が下令され、隷下部隊の隊員総員に対して警急呼集が令され、隊員たちが航空基地へ次々と帰隊してきた。

航空集団司令部からの準備の予令を受けた第二航空群では、一五〇kg対潜爆弾とＨＡＲＰＯＯＮ対艦ミサイルの搭載準備を開始した。

航空機搭載武器の整備を担当する第二支援整備隊の武器整備隊では、ＨＡＲＰＯＯＮ対艦ミサイルの搭載準備は順調に進んだものの、旧式の一五〇kg対潜爆弾は、Ｐ-２Ｊ対潜哨戒機が除籍となった後、分解され部品毎に木箱に梱包された状態で弾薬庫に保管されていた。このため、武器整備隊では、各々の木箱毎に開梱して部品を取り出して組立て作業を行う必要があり、準備作業に時間を要していた。

第四航空隊司令の小川幸一《おがわこういち》（幹候二六期）一等海佐は、当直士官から電話連絡を受け、官舎から公用車で第二航空群司令部へ向かった。

群司令部では、幕僚たちが緊張した面持ちで上級司令部との電話調整に追われていた。海上警備行動の発令に備え、何機のＰ－３Ｃ哨戒機を出撃させるかという検討が行われ、二隻の不審船が日本の防空識別圏（ＡＤＩＺ：Air Defense Identification Zone）の外へ逃走するまでに残された時間と、Ｐ－３Ｃ哨戒機に一五〇kg対潜爆弾四発等の兵装を搭載するのに要する時間とを見積った結果、三機までが限度という結論に達し、第二航空群隷下の第二航空隊からは二機、第四航空隊からは一機のＰ－３Ｃ哨戒機を出撃させることが決定され、出撃する搭乗員の選定等の準備が進められた。

防空識別圏とは、日本では防衛庁長官の訓令により定められた領空の外側に設けられた日本国周辺を飛行する航空機の識別を容易にするための空域である。航空自衛隊は、事前に通報のない航空機が防空識別圏に進入する可能性がある場合、戦闘機を発進させて警告を与え、領空侵犯を防止する対領空侵犯措置を実施している。言い換えれば、防空識別圏内であれば、不審船に対処する海上自衛隊の哨戒機に対する航空自衛隊の戦闘機による支援が可能な空域と判断された。

2　海上保安庁のみでは対応できない……

▼二三日午後八時五五分　霞ヶ関　運輸省

能登半島沖の日本海では、高速で逃走を続ける二隻に不審船を追跡していた巡視船艇が燃料不足となり、次々と現場を離れていった。

領海内で沿岸国の国内法に違反した疑いのある船舶を、領海外の公海上で停船させて立入検査を行うためには、国連海洋法条約第一一一条に基づき、逃走する当該船舶に対して目視での確認や無線通信が届く距離内で領海から継続して追跡することが必要となる。

「追跡権」は、被疑船に対する追跡が中断された場合や同船が第三国の領海に入った場合は消滅してしまう。

この「追跡権」を行使できるのは、海上保安庁のような法執行機関の公船や航空機もしくは軍艦や軍用機であり、海上保安庁の巡視船艇が次々と現場海域を離れ帰投して行くなか、海上保安庁は航空機を連続投入して継続的に不審船を追跡できるだけの機数を保有していない。現場海域で二隻の不審船に対する追跡権を引継げるのは、海上自衛隊の護衛艦と哨戒機のみであった。

「このまま海上保安庁のみで対応した場合、二隻の不審船を継続して追跡できない。『追跡権』の行使ができなくなれば、公海上において立入検査を行う法的根拠が失われてしまう……

海上保安庁は持ち得る能力をすべて尽くして『使命』を達成しようとした。後は海上自衛隊に『追跡権』を引継いでもらい、最終的に不審船の犯罪行為を白日の下に曝すことができれば、国家として主権を守るという『使命』は達成できる」

川崎運輸大臣は決断し、机上の電話機に手を伸ばした。

▼二三日午後八時五五分　檜町（六本木）防衛庁

午後八時五五分、川崎運輸大臣から野呂田防衛庁長官に、国家行政組織法第二条第二項による「省庁間協力」の要請がなされた。

「省庁間協力」とは、国家行政組織法第二条第二項に基づき、ある行政機関が所掌事務を遂行するため、当該行政機関の人員、装備等では困難な場合、他の行政機関に協力を求め、協力を求められた行政機関が本来の任務遂行に支障がない範囲でこれに協力することである。

海上自衛隊の護衛艦や航空機が、不審船発見後に追尾を行ってきた法的根拠は、防衛庁設置法第六条（防衛庁の権限）第一一項の「所掌事務（防衛および警備）の遂行に必要な調査及び研究を行うこと」に基づいた警戒監視であった。運輸大臣から「省庁間協力」が要請されたことにより、これに基づき、海上自衛隊は海上保安庁から二隻の不審船に対する「追跡権」の行使を引継ぐこととなった。

しかし、海上自衛隊の護衛艦や航空機にできることは、不審船の追跡のみであり、停船命令を発したり、警告射撃を行ったり、立入検査を行ったりする権限もない。もしも、不審船が停船した場合、護衛艦は巡視船艇の到着を待つことしかできなかった。護衛艦が停船命令や警告射撃を行って不審船を停船させ、立入検査を行うには、「海上警備行動」の発令が必要であった。

野呂田防衛庁長官は、再び「重要事態対応会議」を開き、今後の対策について検討を行った。

▼二三日午後九時　霞ヶ関　海上保安庁本庁

海上保安庁本庁では、担当部署の警備救難部に加え、水路部や総務部等、関係部署の職員が徹夜態勢で連絡、情報収集にあたっていた。

午後九時、警備救難部警備第二課の杉原和民《すぎはらかずたみ》課長が記者会見を行い、巡視船艇による「第二大和丸」に対する警告射撃の実施について説明した。

記者会見の途中で、「第一大西丸」に対する警告射撃の開始を知らせるメモ用紙が報道陣に配布された。

▼二三日午後九時　能登半島沖の日本海

午後八時五五分、川崎運輸大臣からの「省庁間協力」の要請を野呂田防衛庁長官が受入れたことにより、現場では不審船の「追跡権」が海上保安庁巡視船から海上自衛隊の護衛艦と哨戒機に引継がれた。

午後九時を過ぎると現場海域は闇に包まれ、赤外線監視装置や暗視装置を装備していないSH－60J哨戒ヘリコプターでは、不審船に対する目視での確認が困難となったことから、護衛艦「はるな」搭載のSH－60J哨戒ヘリコプター三機のうち、一機を命令下令から一五分以内に発艦できる一五分待機、一機を三〇分以内に発艦できる三〇分待機とする艦上待機の態勢に移行した。

海上保安庁の巡視船艇が現場海域を離れた午後九時過ぎ、佐藤二佐機長の第六航空隊P－3C哨戒機五〇八〇号機は、護衛艦「はるな」艦上の吉川第三護衛隊群司令から、「不審船の針路を妨害するため、不審船の針路前程に発光発煙筒を投下されたい」との要請を受け、第四航空群司令からの近接限度の命令（不審船の携行型対空ミサイル射程圏内への近接を禁止）を守りつつ、低高度に降下し、すべての機外灯火を消灯させ、三〇ノット近い速力で北北西に針路をとって逃避する「第一大西丸」の針路前程への進入を開始、二本の発光発煙筒を投下した。機上では、二本の発光発煙筒の発火は確認できたものの、「第一大西丸」に対する針路妨害としての効果は確認できなかった。

午後二二時過ぎ、P－3C哨戒機五〇八〇号機は、再び吉川第三護衛隊群司令からの要請により、速力二五ノットで北北西に針路をとって逃避する「第二大和丸」の針路前程に二本の発光発煙筒を投下したが、この効果も不明であった。

佐藤二佐のP－3C哨戒機五〇八〇号機は、午後二三時過ぎ、次直機の第六航空隊P－3C哨戒機五〇九八号機と五〇七〇号機に任務を引継ぎ、厚木航空基地へ帰投した。

3　早くしないと逃げられてしまう……

▼二三日午後九時三〇分　永田町　首相官邸

午後九時三〇分、関係省庁の局長級幹部が、首相官邸内に設置された対策室に参集され、

「不審船に関する関係省庁局長等会議」が開かれた。出席者は、古川官房副長官、安藤内閣危機管理監、伊藤内閣安全保障・危機管理室長、高見沢将林《たかみさわのぶしげ》安全保障室審議官、米村敏朗《よねむらとしろう》首相秘書官、増田好平《ますだこうへい》防衛庁防衛政策課長であり、会議は伊藤内閣安全保障・危機管理室長の司会で進められた。

首相官邸の動きは逐次、連絡役である守屋官房長によって防衛庁へ伝えられた。

午後一〇時、野呂田防衛庁長官は、首相官邸の古川官房副長官に電話を入れ、「江間（防衛事務次官）をそちらにやるから、よく話し合ってくれ」と伝えた。

古川官房副長官は、会議の途中で席を外し、別室で江間防衛事務次官と対策を協議した。

江間防衛事務次官は、「不審船は日露の中間線に近づいている。早くしないと逃げられてしまう」と、海上警備行動を発令するなら、直ちに決断するよう求めた。

古川官房副長官も同意し、野中官房長官の携帯電話を鳴らした。

「事務方で協議した結果、海上警備行動の方向でだいたいまとまりました。いかがでしょうか」

と、古川官房副長官は言った。それに対して野中官房長官は、

「それには乗れんな。いざ発令したはいいが『真剣』か『竹光《たけみつ》』かわからんじゃないか。領海警備というのは基本的に海上保安庁の仕事だ。海上自衛隊はそういう体制になっていない」

と言った。

「わかりました」と答えた。

古川官房副長官は首相官邸対策室に引き返し、「玉砕だ」とつぶやいた。

海上警備行動の発令に一縷《いちる》の望みをかけていた関係省庁局長等会議の出席者たちは、古川官房副長官の言葉に望みを失った。首相官邸対策室に、あきらめの雰囲気が漂った。

米村首相秘書官は、首相官邸を出て公邸に居る小渕総理大臣のもとへ向かった。

米村首相秘書官は小渕総理大臣に、「海上保安庁の巡視船が追いつけません。このままでは逃がさざるを得ません」と状況を報告した。

小渕総理大臣は、「そうか、そういうことだな」とつぶやいた。

午後一一時三〇分過ぎ、首相官邸対策室で待機していた古川官房副長官、関係省庁の局長たちも、「しばらく様子をみるほかない」と言って、いったん帰宅することにした。

▼二三日午後九時五五分　海上自衛隊　厚木航空基地

午後九時五五分、第六航空隊第一応急出動機のＰ-３Ｃ哨戒機五〇七〇号機が、次いで午後一〇時五〇分、第二応急出動機のＰ-３Ｃ哨戒機五〇九八号機が厚木航空基地を離陸した。

二機は、離陸後の機内外点検、それに続く任務システムの作動確認を行い、ともに異状が無いことを第四航空群司令へ報告し、能登半島沖の日本海へ向かった。

現場海域に近づくと各々の機長は搭乗員に対し、

「オール・クルー（全搭乗員）、機長、セット・コンディション２（哨戒配置につけ）」を下令した。

機上武器員は双眼鏡とカメラを持って操縦室で艦型識別と写真撮影の準備を行い、第二対潜音響員は右後部席につき、機上電子整備員とともに後部見張りの態勢に入って、警戒監視任務のための機内態勢を整えた。

第六航空隊P‐3C哨戒機五〇七〇号機は午後一一時に、五〇九八号機は午前〇時過ぎに現場海域に到着し、前直のP‐3C五〇八〇号機から不審船の位置等に関する現場の情報をもらい、出撃前に示された指揮関係に基づき、現場における統制を受けるべく第三護衛隊群司令と通信を設定した。

吉川第三護衛隊群司令から、

「五〇九八号機は第二大和丸、五〇七〇号機は第一大西丸の追尾を実施されたし」

との指示を受け、二機のP‐3C哨戒機は、それぞれ指定された不審船の追尾を開始した。

現場海域の天候は既に回復しており、やや強い西風が残ってはいるものの視程は一〇km以上あり、新月で月明かりのない洋上を二〇ノット以上の高速で北西へ逃走する不審船をレーダや赤外線探知装置によって追尾することは比較的に容易であった。

先に現場に到着したP‐3C哨戒機五〇七〇号機は、護衛艦「はるな」艦上の吉川第三護衛隊群司令から、逃走する二隻の不審船の針路前程に発光発煙筒の投下を要請された。

二隻の不審船は、距離を約五〇海里離して北北西の針路をとって速力約二〇ノット以上で逃走しており、午後一一時三六分、五〇七〇号機は西側の「第二大和丸」の針路前程に対し発光発煙筒二本を投下、午後一一時五四分、東側の「第一大西丸」の針路前程に対し発光発煙筒二本を投下した。護衛艦「みょうこう」は「第二大和丸」の左斜め後方、護衛艦「はるな」は「第一大西丸」の左斜め後方を近距離で併走していた。

針路前程に発光発煙筒を投下された二隻の不審船は、針路速力を変えることなく、逃走を継続した。投下された四発の光発煙筒が発光を終えると、現場海域は再び、没する直前の僅かな月明かりを残して重い気の籠もった闇夜につつまれていった。

▼二三日午後一一時　檜町（六本木）防衛庁

首相官邸から防衛庁に戻った江間防衛事務次官は、野呂田防衛庁長官に、「官房長官は、海上警備行動の発令には慎重なようです」と報告した。

午後一一時五分、防衛庁長官室に、「第二大和丸」は日本とロシアの中間線を出たとの報告が入った。

「第二大和丸」の近くには、護衛艦「みょうこう」が位置して追跡を継続しているものの、海上保安庁の巡視船艇は引離され、あるいは帰投して不審船周辺には残っていなかった。

（現場の護衛艦と哨戒機は、二隻の不審船に対する追跡は続けていたものの、海上警備行動が発令されない限り、不審船に対して停船を命令する権限はなく、不審船が停船しても立入検査も行えない……）

「そろそろ追跡を中止しようか」

といったあきらめの雰囲気が、防衛庁長官室には漂い始めていた。

4　目標が停止しました！

▼二三日午後一一時四七分　能登半島沖の日本海

護衛艦「はるな」は、午後九時頃までは搭載したSH-60J哨戒ヘリコプターによる人員輸送と不審船監視を行いつつ、北方へ高速で逃走する「第一大西丸」を追跡していた。現場海域は南風が吹いており、護衛艦「はるな」は艦載ヘリコプターの発着艦作業のたびに艦首を、「第一大西丸」の逃走針路とは反対方向の南に向ける必要があった。その間に同船が増速して最終的には三五ノットの速力で逃走したため、森井艦長は三二ノットまで増速させたものの、同船との距離はしだいに離れていった。

午後一一時四七分、突然、護衛艦「はるな」のレーダを操作していた電測員が叫んだ。

「目標が停止しました！」

「第一大西丸」の停止した位置は、日露両国の中間線の手前、護衛艦「はるな」は同船の前方に回り込んだ。この時点で、同船に最も近い海上保安庁の巡視船艇は、巡視船「さど」であったが現場到着まで三時間かかる距離まで引離されていた。

護衛艦「はるな」は、「第一大西丸」を追跡中に同船からの視認を防ぐため、航海灯を消灯させ灯火管制を行っており、同艦

機器を操作する護衛艦乗組員
（海上自衛隊）

が装備する電波探知装置（ＥＳＭ：Electronic Support Measure）では同船からのレーダ波を探知していないことから、森井艦長は、「第一大西丸は、視界内から巡視船や護衛艦がいなくなったと思い安心して停船したか、あるいはエンジン等に何らかの不具合が発生して停船したのではないか」と考えた。

森井艦長は、護衛艦「はるな」を目標に近接させ、約二〇分で同船に追い着くことができた。午前〇時〇九分、護衛艦「はるな」が、目標を確認するため探照灯を「第一大西丸」に照射すると、同船は再び西方に向けて逃走を開始した。

護衛艦「はるな」は、「第一大西丸」の正横から左後方数千ヤードの位置に移動して追跡を再開した。

▼二四日午前〇時　檜町（六本木）防衛庁

防衛庁では、防衛長官室に野呂田防衛庁長官、江間防衛事務次官、関連する内局局長、夏川統合幕僚会議議長、山本海上幕僚長らが集まって重要事態対応会議が開かれていた。

午前〇時前、防衛庁長官室に、海上幕僚監部の連絡員が走り込み山本海上幕僚長に、「第一大西丸が止まりました」と息を切らせながら報告した。

「ええ、本当か」

野呂田防衛庁長官は声を上げた。野呂田長官は、机の上の電話をとって古川官房副長官を呼び出した。

「不審船が止まった。どうするんだ。官邸と運輸大臣の判断を聞きたい」

数分後、川崎運輸大臣から野呂田防衛庁長官に電話が入った。野呂田長官は、「今の事態をどうするのか。それは、あなたの判断だ」と、川崎運輸大臣に告げた。

野呂田防衛庁長官は、三月九日に防衛庁で行った重要事態対応会議で海上警備行動の手順の説明を受け、領域警備の重要性を十分に認識しており、「海上警備行動の発令には、運輸省からの要請があった方がいい」と考えていた。

しかし、海上警備行動発令の決断にはためらいはなかった。

この間にも、防衛庁長官室では、内局と海上幕僚監部等による議論が続いていた。

「海上保安庁の巡視船と不審船は、どのくらいの距離が離れているんだ」

「かなり離れています」

不審船に最も近い巡視船艇は、巡視船「さど」であったが、「第一大西丸」の後方約五五海里に引離されていた。

「海上保安庁の巡視船が現場に到着するまで、どのくらいかかるんだ」

「三時間はかかるでしょう」

この時点で、護衛艦「はるな」は「第一大西丸」の左後方約一〇〇〇ヤードの位置におり、また、護衛艦「みょうこう」は「第二大和丸」から約四〇〇〇ヤードの距離で同船を追跡していた。

「うちでやるしかない」

「夜だから、立入検査は危険だぞ。撃ってくるかもしれない」

防衛庁長官室に、資料を抱えた若手職員が頻繁に出入りし、海上自衛隊の採り得る行動についての検討が詰められていった。

「護衛艦からの砲による警告射撃」

「航空機からの爆弾投下による警告」

「護衛艦からの放水」

これらの事項については「可能」とされた。一方、

「護衛艦による船体への接触」

「人に危害を与える恐れのないような船体への実弾射撃」

これらの事項については「禁止」とされた。

「不審船の船体に向けた射撃は実施しない」

「工作員の乗組員でも、絶対に負傷をさせてはならない」

諸外国軍隊の「交戦規定（ＲＯＥ：Rules of Engagement）」に該当する「行動措置標準」が作成され、行動する部隊に示す準備が整った。

また、追跡の地理的な限度線については、日本の防空識別圏とする方針も確認された。

「交戦規定」とは、米国国防総省の定義では「敵と遭遇した時、敵との戦闘を開始する場合の条件や使用武器の制限等を定める規定」とされており、自衛隊では「交戦」という言葉を避け、本事案後の平成一二年一二月に「部隊行動基準の作成等に関する訓令」（防衛庁訓令第九一号）により「国際の法規及び慣例並びに我が国の法令の範囲内で、部隊等がとり得る具体的な対処行動の限度を示すことにより、部隊等による法令等の遵守を確保するとともに、的確な任

務遂行に資することを目的とする」部隊行動措置基準を制定するようになった。しかし、海上自衛隊においては、同訓令の制定以前から、海上自衛隊幹部学校が「演習用」として同種の行動基準を作成して毎年の海上自衛隊演習で演練していたことから、その運用については習熟していた。

午前〇時過ぎ、海上幕僚監部の連絡官が、防衛庁長官室に駆け込んできて、「不審船が、また動き始めました」と報告した。

野呂田防衛庁長官は、古川官房副長官に電話して語気激しく言った。

「不審船は、また動き始めた。海上保安庁の巡視船は遠く引離されている。むざむざ逃げられたらどうするんだ」

「わかりました」

と、古川官房副長官は答えた。

午前〇時三〇分、川崎運輸大臣から野呂田防衛庁長官に電話がかかってきた。「海上保安庁の巡視船では、不審船を追いきれない」と、苦悶を隠しきれない声で言い、自衛隊の出動を要請した。

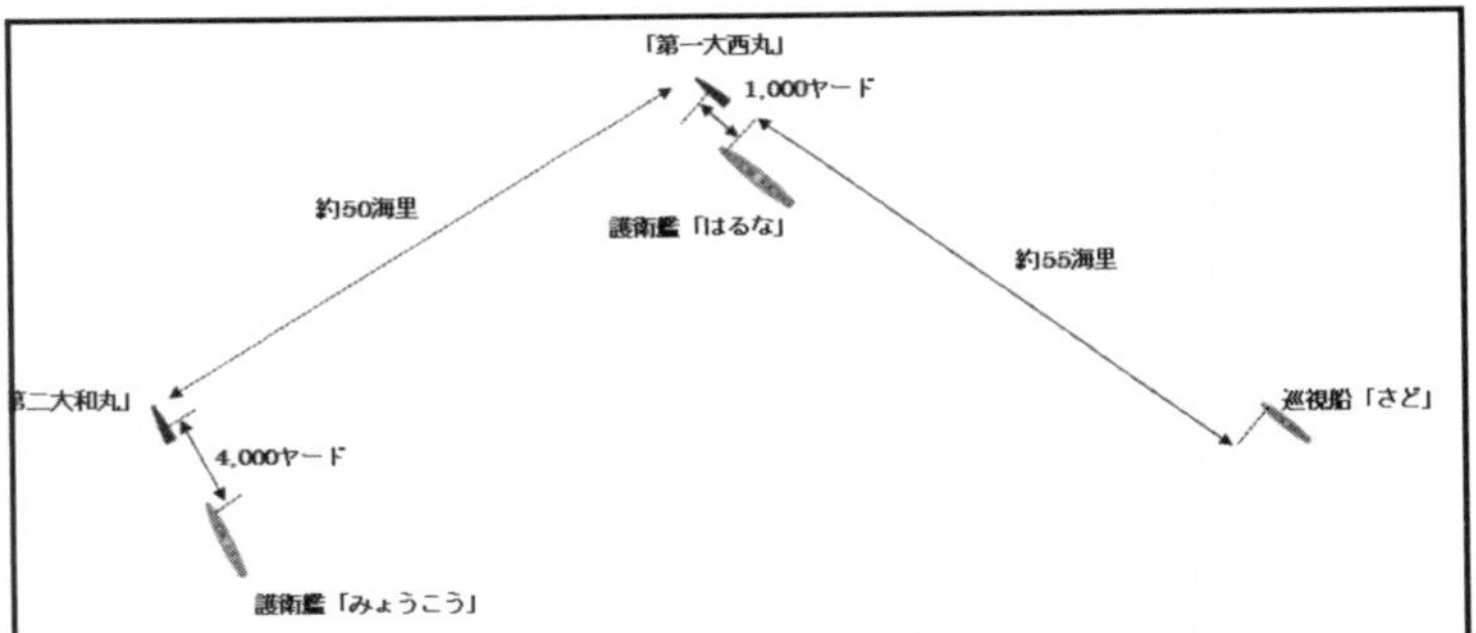

23日午後11時47分(「第一大西丸」停船時)の態勢図(筆者作成)

野呂田防衛庁長官は受話器を置くと、命令を下した。

「海上警備行動を発令して対応する。内局は首相官邸と関係省庁との連絡調整を、統合幕僚会議議長と陸海空幕僚長は部隊派遣を、早急に行えるよう準備にかかれ」

野呂田防衛庁長官は、一週間後に勇退を控えた夏川統合幕僚会議議長と山本海上幕僚長を振り返り、「海上警備行動が発令されるぞ。しっかりやってくれ」と言った。

「わかりました」と、両海将は答えた。

防衛庁長官室に大きな海図が持ち込まれ、制服の自衛官が現場海域の気象説明を始めた。

▼二四日午前〇時三〇分過ぎ　永田町　首相官邸

野呂田防衛庁長官からの電話を受けた古川官房副長官は、官邸内の調整に入っていた。

古川官房副長官は、議員宿舎に戻っていた野中官房長官に電話を入れた。

「不審船は、エンジン故障で一隻止まりました」

状況を聞いた野中官房長官は答えた。

「それなら、しかたないな」

午前〇時三〇分過ぎ、米村首相秘書官が、首相公邸に入った。米村首相秘書官は、公邸で待機していた小渕総理大臣に言った。

「不審船一隻が止まりました。海上警備行動が必要だと思います。ご判断願えますか」

「よし、わかった」

小渕総理大臣は決断した。小渕総理大臣は早い段階から、「法律の許す範囲で、必要ならいかなる行動でも採ろう」と、米村首相秘書官ら首相周辺には言っていた。

小渕総理大臣は、野呂田防衛庁長官から海上警備行動発令の承認が求められると、「発令を承認する」と即答した。

午前〇時四五分、海上警備行動の発令が持ち回り閣議で決定された。

当時、自衛隊法に定められた自衛隊の行動には、「防衛出動」(同法第七六条)、「治安出動」(同法第七八条・第八一条)、「海上における警備行動」(同法第八二条)、「災害派遣」(同法第八三条)、「領空侵犯に対する措置」(同法第八四条)があったが、昭和二九年七月の自衛隊発足以来、「災害派遣」と「領空侵犯に対する措置」以外の行動が発令されたことはなかった。

第3章

海上警備行動の発令

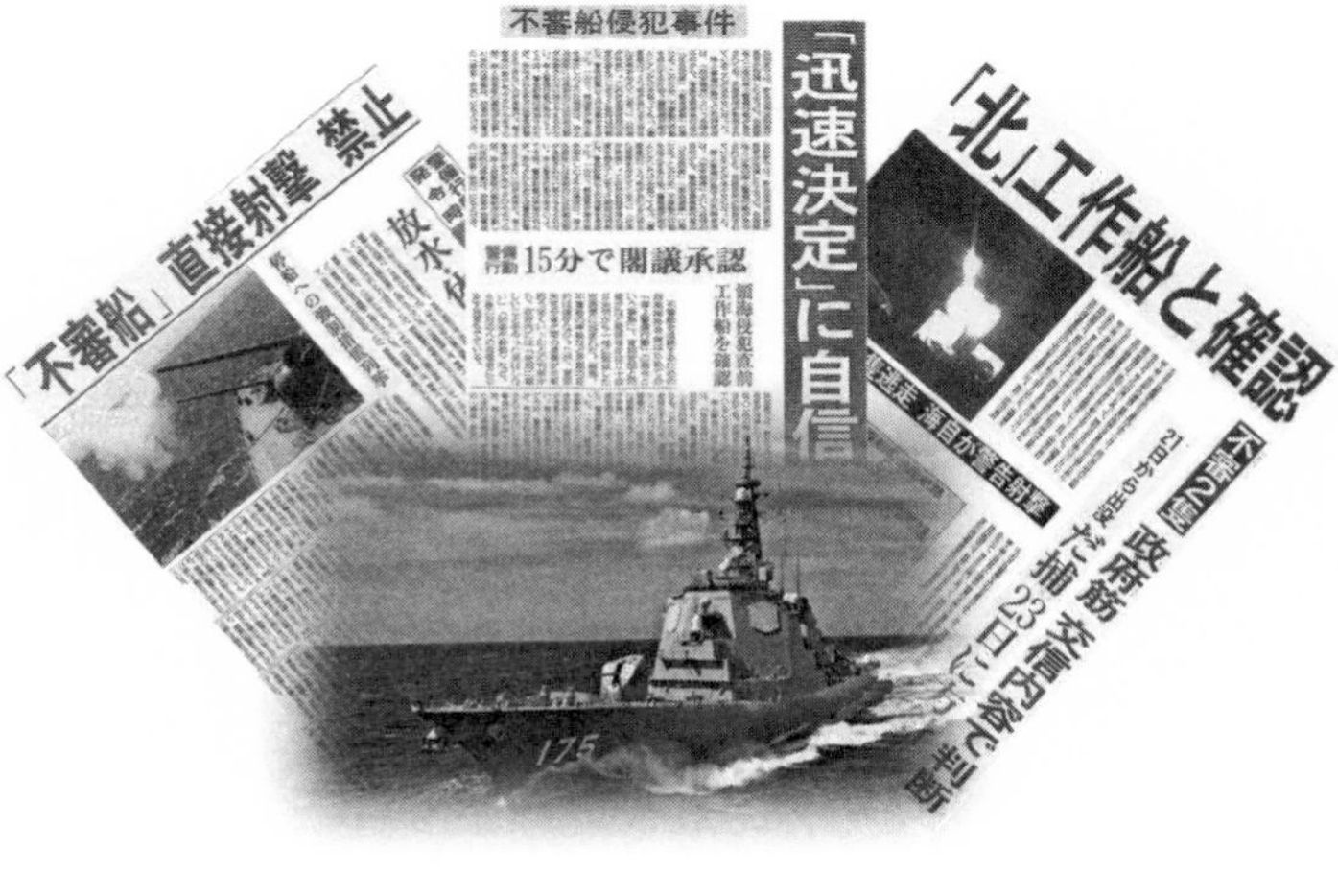

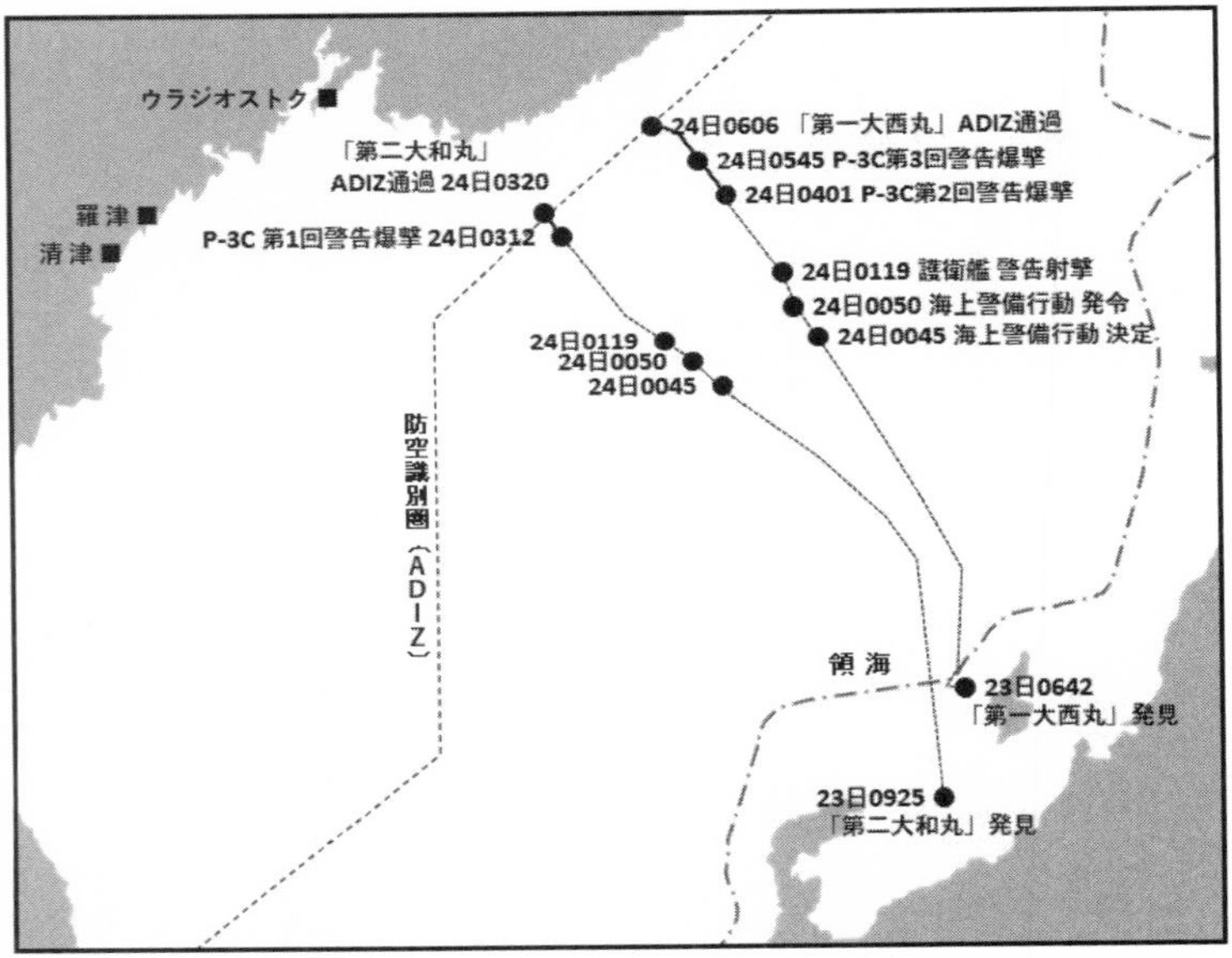
ウラジオストク
羅津
清津
「第二大和丸」
ADIZ通過 24日0320
P-3C 第1回警告爆撃 24日0312
24日0606 「第一大西丸」ADIZ通過
24日0545 P-3C第3回警告爆撃
24日0401 P-3C第2回警告爆撃
24日0119 護衛艦 警告射撃
24日0050 海上警備行動 発令
24日0045 海上警備行動 決定
24日0119
24日0050
24日0045
防空識別圏（ADIZ）
領海
23日0642
「第一大西丸」発見
23日0925
「第二大和丸」発見

日時	生起事象
3月24日午前0時50分	野呂田防衛庁長官、「海上警備行動」を発令
24日午前1時	護衛艦「はるな」は「第一大西丸」、護衛艦「みょうこう」は「第二大和丸」に対して無線通信による停船命令を開始
24日午前1時19分	護衛艦「みょうこう」、「第二大和丸」に対し警告射撃を開始
24日午前1時32分	護衛艦「はるな」、「第一大西丸」に対し警告射撃を開始
24日午前2時24分	護衛艦「みょうこう」警告射撃を終了（計13回13発実施）
24日午前2時45分	護衛艦「はるな」警告射撃を終了（計12回22発実施）

「一心不乱、ただ戦っているだけである。それを使命に対する責任感が支えている。生死の境地とは、そんなものであったように思う」

内田一臣《うちだかずおみ》　第8代海上幕僚長　海将（海兵63期）

1　行く時には俺が行く！

▼二四日午前〇時　能登半島沖の日本海

護衛艦「はるな」に乗艦している吉川第三護衛隊群司令から、護衛艦「みょうこう」に乗艦している保井第六三護衛隊司令に対し、「海上警備行動が発令される予定。警告射撃と立入検査の準備をなせ」と、海上警備行動発令に備えた準備を命ぜられた。

保井隊司令は半信半疑であったものの、護衛艦「みょうこう」の鈴木艦長に警告射撃に使用する一二七㎜単装速射砲の砲弾の準備を命じた。

鈴木艦長は「おそらく海上警備行動は下令には至らないであろう」と思いつつも、所要の準備を開始した。

護衛艦「みょうこう」が搭載している一二七㎜砲弾には、ＢＬ弾と呼ばれる炸薬の代わりに砂を装填した訓練弾と、ＶＴ弾と呼ばれる目標に近づいた時点で近接信管により炸裂する対空用実用弾の二種類があった。

鈴木艦長は、砲雷長[*1]と砲術長[*2]から、「より警告効果のあるＶＴ弾を準備したい」との具申を受け、保井隊司令にＶＴ弾使用についての許可を求めた。

　午前○時半過ぎ、現場海域は月没となり、護衛艦から不審船を目視で確認することはできない暗闇となっていた。

　保井隊司令は、「ＢＬ弾による警告射撃では海面に弾着した際の水柱はこの暗闇の中では不審船から見えない可能性が高い、ＶＴ弾を使用した警告射撃は海面に弾着する直前に近接信管が作動して炸裂するため爆発の閃光が不審船から視認され警告効果が高い、その一方でＶＴ弾の炸裂による破片が不審船の船体に危害を与える可能性がある」とし、ＢＬ弾とＶＴ弾の特性を踏まえた上で、「与えられるであろう『使命』は、先ずは不審船を停船させることであり、そのためには警告効果の高い射撃を行う必要がある」と考え、不審船の船体へ与える危害を最小限に留めて最大限の警告効果が発揮できるよう、弾着位置と不審船との距離を考慮しつつ、ＶＴ弾を使用することを決断した。

　護衛艦「はるな」では、戦闘指揮所（ＣＩＣ）の艦長席に座っている森井艦長のところに吉川群司令が来て、「絶対に当てるなよ」と言った。

　森井艦長は、間違いは絶対に許されないと考えた。

「与えられるであろう『使命』は、不審船を停船させることであるものの、武器の使用に際しては相手に危害を与えないことが前提条件である」と考え、警告射撃で万が一にも砲弾が「第一大西丸」の船体に命中しても被害が少なくなる炸薬が入っていない訓練用のＢＬ弾を使用することを決断した。

立入検査の訓練を行う護衛艦乗組員（海上自衛隊）

警告射撃の準備が進む一方、立入検査の準備については混乱が生じていた。

護衛艦においては、出入港等の各種作業、火災や浸水等の緊急事態、対潜戦や対空戦等の戦闘事態に対して、各乗員がどこの配置に就いてどのような役割を果たすかを定めた「作業部署」、「緊急部署」、「戦闘部署」があらかじめ定められている。立入検査についても「立入検査隊部署」が定められており、立入検査隊要員が指定されていた。

護衛艦「みょうこう」では、舞鶴基地を緊急出港した際に乗り遅れた乗員の中に立入検査隊要員に指定されていた乗員が何名かいた。「立入検査隊部署」であらかじめ指定されていた乗員は淡々と準備を進めていたが、緊急出港に乗り遅れた乗員の代わりに立入検査隊要員に急遽指定された乗員の中には指定を忌避する者もあった。当時、護衛艦には防弾チョッキは搭載されておらず、立入検査隊要員たちは防弾チョッキの代わりに、作業服とその上に着ける救命胴衣の間に週刊誌等を入れて気休め的な防弾処置を採り、自衛措置のため携行する武器も小銃と拳銃のみで、乗員たちは定期的な小銃や拳銃の射撃訓練は行っていたものの、近接戦闘等の特殊な訓練は受けておらず、不審船に乗り込んだ時に本格的な訓練を受けているであろう武装工作員から反撃されても有効な対処ができないことは、立入検査隊要員の全員が知っていた。

科員食堂（海曹士用食堂）で準備を進める立入検査隊要員の海曹たちの顔はひきつり、明らかに不安と戸惑いの表情が表れていた彼らを、後ろから先任伍長[*4]が見守っていた。

船務長[*3]の由岐《ゆき》中《なか》一生《かずお》（幹候三三期）二等海佐は、戦闘指揮所（ＣＩＣ）で群司令部と海上警備行動の発令に備える調整を行っていた。

先任伍長が戦闘指揮所に入って来て、由岐中船務長の肩をたたいた。

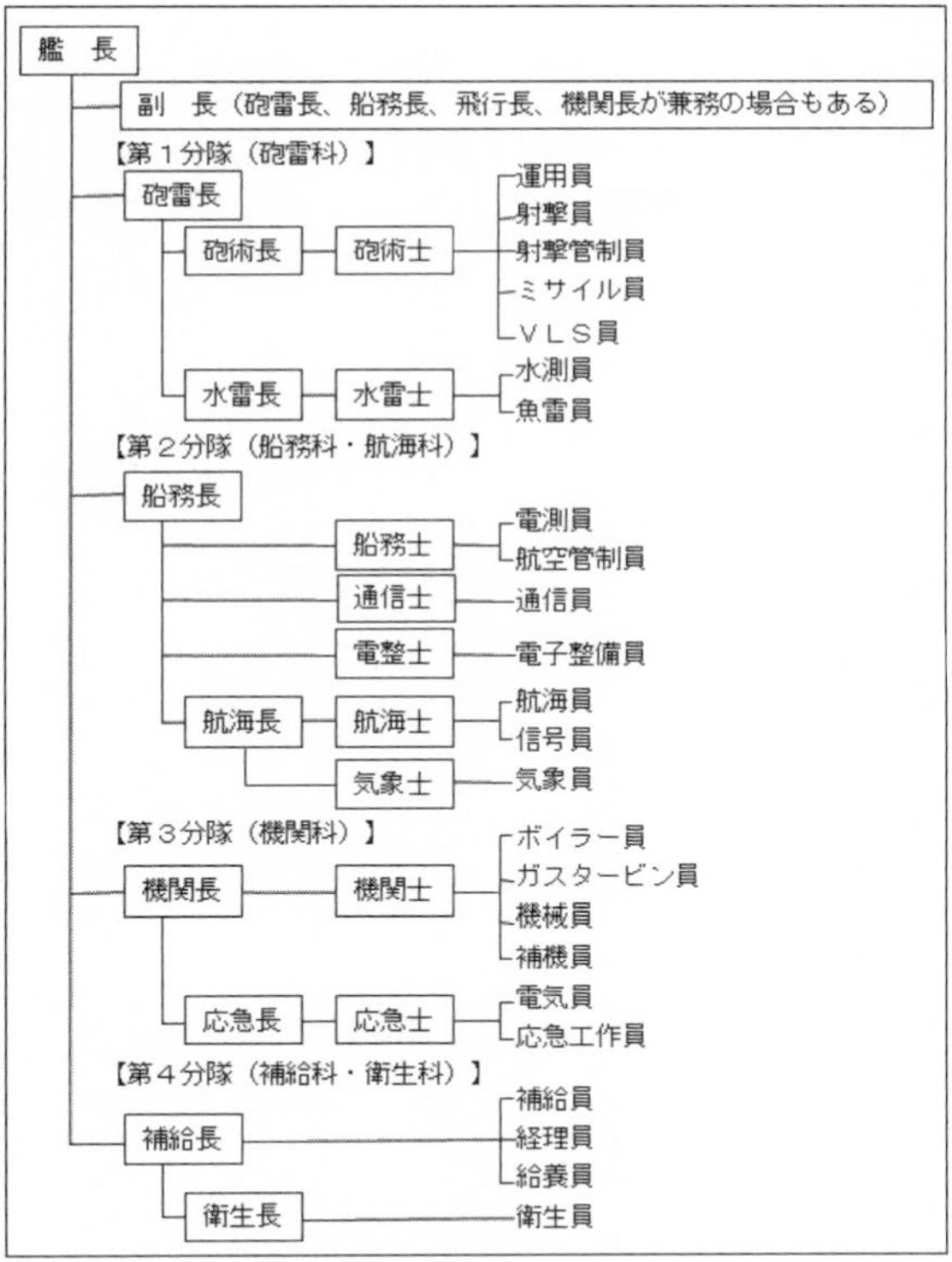

こんごう型護衛艦の艦内編制（筆者作成）

「船務長、ちょっといいですか？」

「何だ」

「下の連中（立入検査要員に指定された海曹たち）が騒いでいます」

と先任伍長は告げた。

「伍長、（立入検査に）行く時には俺が行くと言っておけ！」

「船務長、ほんとうにそう彼らに伝えていいんですか？」

立入検査隊の指揮官には若い幹部が指定さ

れており、艦長、副長に次ぐ配置の船務長が指揮官となることは通常ではありえない。

「やつ（不審船）が止まったら、船務長が立入検査隊の指揮を執る！」

由岐中船務長は、きっぱりと言った。

先任伍長は戦闘指揮所を出て、立入検査隊要員が集合している科員食堂へ向かった。先任伍長が、船務長の言葉を立入検査隊要員の海曹たちに伝えると、彼らの混乱は収まった。

▼二四日午前〇時五〇分　檜町（六本木）防衛庁

午前〇時五〇分、野呂田防衛庁長官は、山本海上幕僚長に「海上自衛隊行動命令」を手渡した。

また、自衛艦隊司令官に対して「不審船に対する停船命令、立入検査など、治安維持のために必要な措置をおこなう」ように命令を下令し、海上警備行動において部隊が実施できる措置と禁止される事項を記した「行動措置標準」を示した。

「海上警備行動」とは、自衛隊法第八二条（海上における警備行動）に「長官は、海上における人命もしくは財産の保護または治安の維持のため特別な必要がある場合には、内閣総理大臣の承認を得て、自衛隊の部隊に海上において必要な行動をとることを命ずることができる」と定められている。今回の事案について政府は、海上保安庁巡視船艇により停船命令や警告射撃を行ったものの、二隻の不審船が高速力で逃避したために巡視船艇による追尾が困難となり、海上保安庁のみによる対処が不可能になった事態が、自衛隊法第八二条の「特別な必要がある場合」に該当すると判断した。

海上警備行動の発令により、海上警備行動を命ぜられた部隊の三等海曹以上の自衛官には、海上保安庁法の一部、付近の船舶に協力を求める権限（海上保安庁法第一六条）、船舶に立入検査を行い乗組員等に必要な質問を行える権限（同法第一七条第一項）、船舶に進行停止、航路変更等をさせることができる権限（同法第一八条）が準用される。

また、警察官職務執行法第七条（武器の使用）が準用され、部隊指揮官の命令により、逃走の防止、自己または他人の防護、公務執行に対する抵抗の抑止のため合理的に必要と判断される限度において武器を使用することができ、これにより船舶の航行を不能にする射撃を実施することは法的には可能であるが、正当防衛と緊急避難の場合を除き船体や乗組員に危害を加えることはできないことになっている。


海上警備行動の発令により防衛庁長官は、政府の方針と現場の指揮官の判断を整合させる目的で、部隊が実施できる措置と禁止される事項を定めた「行動措置標準」を部隊指揮官に対して示した。

重要事態対応会議の場で、当初、野呂田防衛庁長官は、不審船が停船した場合は直ちに立入検査を行う意図を持っていた。

山本海上幕僚長は、

「夜間における立入検査は危険です。

現場の護衛艦には隊員を防護する装備が未装備です。

立入検査は、防護装備が到着し、日出後に実施させたい」

と、野呂田防衛庁長官に進言した。

野呂田防衛庁長官は、艦載ヘリコプターで防弾チョッキ等の防護装備を護衛艦へ輸送させ、不審船が停船した場合は日出を待ってから立入検査を行うこととすると決断した。

午前〇時五八分、防衛庁において臨時の記者会見が開かれた。

冒頭、野呂田防衛庁長官は緊張した面持ちで、

「本日〇時四五分、持ち回りの安全保障会議と閣議により、海上警備行動が承認されました。これを踏まえ、〇時五〇分、私から海上自衛隊の自衛艦隊司令官および各地方総監に対し、昨日、能登半島沖で発見された二隻の不審船に対する停船、立入検査等の海上において治安を維持するために必要な措置を行うことを命令しました」

続いて発令した「海上警備行動に関する海上自衛隊行動命令」の内容について、

「自衛艦隊司令官は、三月二三日、能登半島沖において発見され海上保安庁が追跡中の二隻の不審船に対して海上警備行動を実施せよ」

と命令で示した任務を述べ、

「各地方総監は自衛艦隊司令官の要請に基づき所要の部隊を派出し、当該目標への対処に関し自衛艦隊司令官の指揮を受けさせよ」

としたことを命じたことを説明した。

これにより、舞鶴地方隊第三一護衛隊の護衛艦「あぶくま」は、舞鶴地方総監の指揮を離れ、自衛艦隊司令官の指揮を受けることとなった。

「自衛艦隊司令官は第三護衛隊群司令を現場指揮官とし、現場派出中の艦艇および航空機を指揮させよ」

と現場における指揮関係について説明した。

これにより、護衛艦「あぶくま」、第六航空隊のＰ‐３Ｃ哨戒機五〇九八号機と五〇七〇号機は、現場において第三護衛隊群司令の指揮を受けることとなった。

野呂田防衛庁長官からの発表に引続いて、質疑応答が始まった。

記者からの、「警告射撃を行っても不審船が止まらない場合にはどうしますか」という質問に対し、山本海上幕僚長は、「警告射撃等をやりながら、追跡するのみとなります」と答えた。

野呂田長官が、「相手が撃ってこない限り、こちらも反撃できないのですから、根気強く警告射撃をやったり、呼掛けを行うしか、今の法体系では手がないと思います」と回答を補足した。

記者会見は一時間以上にわたって行われ、午前一時一五分に終了した。

午前一時過ぎ、野呂田防衛庁長官から防衛庁職員たちに、海上警備行動の実施が正式に発表された。防衛庁では関係部署の職員は庁内に待機していたものの、「第一義的には海上保安庁の仕事」と緊張感が希薄だった雰囲気が一変した。緊迫した空気の中、防衛庁の関係部署では職員が徹夜の対応に追われていた。

この日気象庁は、東京の桜開花を宣言した。

深夜の防衛庁では、戸外の気温は一〇度、春の訪れを告げる弱い南南東の風が吹く晴れわた

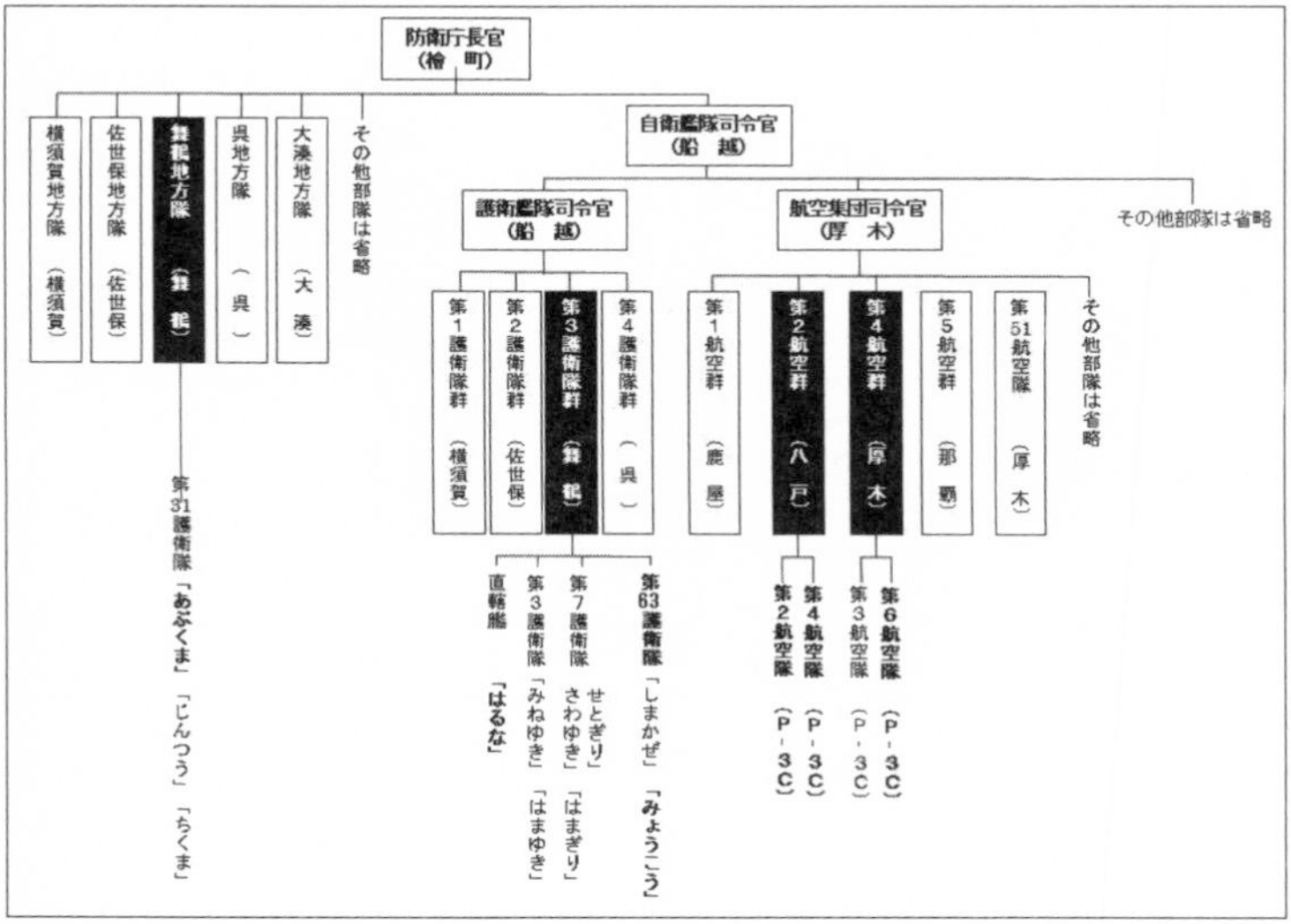

平成11年3月当時における海上自衛隊部隊の固有編制（筆者作成）

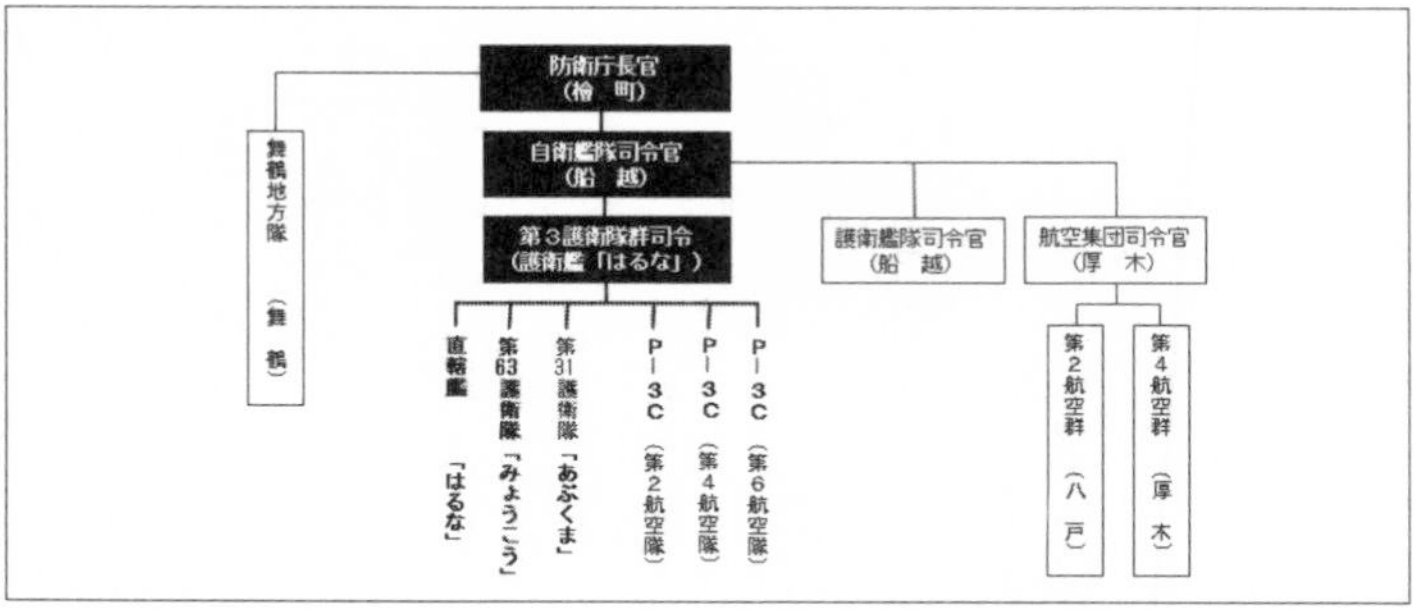

海上警備行動発令後における現場部隊の指揮関係（筆者作成）

った夜空の下、防衛庁長官室の在る本館と海上幕僚監部の二号館との間を、幕僚たちが資料を手に頻繁に往復していた。

2　不審船に命中させてはならない

▼二四日午前一時一九分　能登半島沖の日本海　護衛艦「みょうこう」

午前一時前、護衛艦「はるな」に乗艦する吉川第三護衛隊群司令に、海上警備行動の命令が下令された。

護衛艦の艦内には、アラームが響き、続いて艦内放送が、

「カーン、カーン、カーン」

「海上警備行動が発令された。総員、戦闘配置につけ。繰返す、海上警備行動が発令された。総員、戦闘配置につけ」

海上警備行動の発令を告げた。乗員は、救命胴衣を着け、ヘルメットをかぶった。

午前一時五分、護衛艦「はるな」は不審船「第一大西丸」に対し、護衛艦「みょうこう」は不審船「第二大和丸」に対し、国際ＶＨＦ無線通信（船舶の安全のために使用する国際的な無線通信）により停船命令を開始した。

吉川第三護衛隊群司令は、五〇七〇号機と五〇九八号機に不審船の南側への避退を命じた。

現場海域では、午前〇時一五分に月が没した。

星明かりもない暗夜となった現場では、護衛艦「みょうこう」から「第二大和丸」は肉眼で

視認することができなくなっていた。

護衛艦「みょうこう」は、停船を求める注意喚起のため、赤色信号弾を「第二大和丸」に向けて発射するとともに、警告射撃を開始するための手順が進められた。

艦橋では、航海長の伊藤祐靖《いとうすけやす》（幹候三九期）一等海尉が艦内各部からの戦闘配置完了報告を受け、「艦長、艦内各部戦闘配置につきました。艦内非常閉鎖としました」と鈴木艦長に報告した。

闇に包まれ、静まりかえった艦橋の中で鈴木艦長は、戦闘射撃準備の号令をかけた。

「戦闘右砲戦、同航の目標」

艦長の号令は艦内に流されるとともに、艦橋の伊藤航海長から戦闘指揮所（ＣＩＣ）で群司令部との調整にあたっている由岐中船務長へ伝えられた。

「射点、後方三〇〇」

弾着点が不審船の後方三〇〇ヤード（一ヤードは〇・九一ｍ）となるよう射撃装置の調定が行われた。砲術長から、「調定よし」との報告が入り、伊藤航海長は、「艦長、調定が終わりました」と、鈴木艦長に報告した。

「主砲目標よし、射撃用意よし」

砲術長からの報告が入り、伊藤航海長は鈴木艦長に報告した。

「艦長、後は群司令部からの指示と現在実施中の最終警告が終了すれば、警告射撃を開始できます」

戦闘指揮所（ＣＩＣ）の由岐中船務長が、艦橋の伊藤航海長に呼掛けた。

「群司令部に『用意よし』を言うぜって、オヤジ（艦長）に言え」

伊藤航海長は、「艦長、群司令部に警告射撃の準備が整ったことを報告します」と艦長へ伝えた。鈴木艦長は、静かにうなずいた。

「先の件、艦長了解」

伊藤航海長の言葉を受け、由岐中船務長は群司令部との通信系のマイクを握った。

「This is MYOKO（こちら『みょうこう』）、警告射撃用意よし」

「Roger out（了解した）」

と群司令部通信幕僚が答えた。

由岐中船務長は再び、

「This is MYOKO、警告射撃用意よし」

三度、由岐中船務長は、
群司令部通信幕僚が再び応答した。

「Roger out」

「This is MYOKO、警告射撃用意よし」

と群司令部に報告した。

伊藤航海長は、「船務長は幕僚の了解で艦長に射撃命令の決断を迫らせたくなく、群司令自身から明確な命令を引き出そうとしている」と思った。

すると、

「こちら第三護衛隊群司令、『みょうこう』は警告射撃を実施せよ」

護衛艦「はるな」に乗った吉川群司令は、自分自身マイクを取って警告射撃を命じた。

由岐中船務長は、艦橋の伊藤航海長に、「オヤジ（艦長）が自ら答えんのが筋でぇ」と言った。伊藤航海長は、「応答は艦橋で行う」と、由岐中船務長に伝えた。

鈴木艦長は艦橋で、無言で自らマイクを取り、

「This is MYOKO. Roger out」

と、警告射撃の実施命令を了解したことを、吉川群司令に応答した。

警告射撃の開始が目前に迫ったその時、第六三護衛隊付幹部（隊司令を補佐する若手幹部）が叫んだ。

「まだ、最終警告が終わっていない！」

隊付幹部は国際ＶＨＦ通信のマイクを握り、用意された最終警告の日本語、英語、朝鮮語、中国語、ロシア語の例文を早口に読み上げた。

「停船せよ。停船しないと警告射撃を行う」

「第二大和丸」は速力を二七ノットから三〇ノットに増速して逃走を継続した。最終警告の終わるのを待って鈴木艦長は、警告射撃の開始を命じた。

「撃ち方はじめ」

午前一時一九分、護衛艦「みょうこう」の一二七㎜単装速射砲が、真っ暗な海上で轟音とと

こんごう型護衛艦の127mm単装速射砲の射撃（海上自衛隊）

もに火を噴いた。

「まもなく、弾着」

砲弾は「第二大和丸」の後方三〇〇ヤードに弾着し、海面で炸裂し閃光を放った。

「主砲撃ち方おわり、発射弾数一発、人員武器異常なし」

砲術長は射撃後の報告を行った。

弾着の瞬間、「第二大和丸」は速力を二一ノットに減速したものの、再び三〇ノットに増速して逃走を継続した。

護衛艦「みょうこう」は、「第二大和丸」を右正横に見て約四〇〇〇ヤードの距離を保ちつつ。警告射撃を継続した。

「次弾、弾着点、前方三〇〇」

「調定よし」

「撃ち方はじめ」

鈴木艦長は、暗夜の艦橋で航海用レーダと射撃指揮システムの監視カメラを頼りに警告射撃を行ったが、射撃指揮システムの目標追尾は極めて安定しており、射撃精度についてはまったく不安はなかった。

警告射撃は国際ＶＨＦ通信による停船命令を継続しつつ行われ、初弾は「第二大和丸」の後方三〇〇ヤード、次いで前方三〇〇ヤードに弾着させ、不審船と弾着位置との距離は徐々に近づけられ、第七弾と第八弾ではＶＴ弾の加害半径に砲の射撃精度を勘案した限界距離まで近づけられた。

警告射撃が続く中、「第二大和丸」は弾着時には一時的に減速するものの、直ぐに増速して逃走を継続し、停船する気配はまったくみられなかった。

鈴木艦長は衛星通信回線で、吉川第三護衛隊群司令に、

「船体に危害を加えない限り、不審船は停船しない」

と意見具申したところ、間髪を入れずに衛星通信回線で船越(横須賀)の山崎眞《やまざきまこと》(幹候一六期)自衛艦隊司令官から、

「不審船に絶対に危害を加えてはならない」

と厳命され、限界距離を保った警告射撃を継続した。

射撃指揮を執る鈴木艦長の傍らで保井隊司令は、

「砲弾を命中させる訓練は数限りなくやってきたが、砲弾を命中させせない訓練など一回もやったことがない」

と思いながら、訓練で本能的なまでに培ってきた「射撃魂」に矛盾する制限の中で苦悩しながら射撃指揮を執る鈴木艦長の悔しい気持ちを、同じ射撃幹部出身者として酌み取りながら、

「しかし、命令は命令だ」

与えられた制限の中で自己の「使命」を達成しようと頑張っている鈴木艦長の姿を頼もしく思いながら見守っていた。

護衛艦「みょうこう」は、計一三回一三発の警告射撃を実施した。

警告射撃により、逃走針路の前方数十ヤードに炸裂の閃光とともにあがった水柱に、「第二大和丸」は突っ込みながらも高速で逃走を継続した。

▼二四日午前一時三二分　能登半島沖の日本海　護衛艦「はるな」

「第一大西丸」を追跡中の護衛艦「はるな」では、森井艦長が戦闘指揮所（ＣＩＣ）で射撃指揮官が座る射撃指揮装置管制官（ＤＡＣ・ＷＡＣ：Director Assignment Controller / Weapon Assignment Controller）席の側で、砲の旋回角とレーダ画面上の目標方向角とを確認していた。

森井艦長は、炸薬の入っていない訓練弾であるＢＬ弾の使用で、より警告効果を高める必要があるため、初弾については五一番砲（前部砲）と五二番砲（後部砲）の斉射により、「第一大西丸」の前方五〇〇ヤードに弾着させることとした。

午前一時三二分、森井艦長は警告射撃を下令した。

「撃ち方はじめ」

初弾の弾着後、レーダ画面上に映る「第一大西丸」の針路は微妙に動いており、蛇行運動で弾着を回避していると、森井艦長は思った。

第二弾目以降は、目標を射撃指揮装置で自動追尾しながら、五一番砲と五二番砲を交互に使いながら、弾着位置を「第一大西丸」の針路上の前方とし、徐々に目標に近づけて最終的には数十ヤードの位置に弾着させた。

護衛艦「はるな」は、一二回計二二発の警告射撃を行ったものの、「第一大西丸」は、当初、一時的に航海灯を点灯さ

はるな型護衛艦の127mm砲の一斉射撃（海上自衛隊）

せ、護衛艦「はるな」に対して意味不明の発光信号を五回送信したが、針路、速力を変えることなく平然と逃走を継続した。

海上保安庁の巡視船艇が行った警告射撃は、「第二大和丸」に対して巡視船「ちくぜん」が二〇㎜機関砲で曳光弾を五〇発、巡視艇「はまゆき」が一三㎜機銃で一九五発、「第一大西丸」に対して巡視艇「なおづき」が六四式小銃で一〇五〇発であった。これらの警告射撃と比較して護衛艦の一二七㎜砲による警告射撃は、発射弾数こそ少なかったが、発砲音や弾着時の水柱は圧倒的に大きく、特にVT弾の炸裂による閃光と衝撃は、不審船に対してかなりの警告効果があったものと推定される。

護衛艦「はるな」搭載のSH-60J哨戒ヘリコプターは、警告射撃が開始され、立入検査の準備が進められるなか、引続き艦上待機態勢を維持した。

当時は、立入検査に関わる艦載ヘリコプターの運用は想定されておらず、搭乗員待機室では、横野二佐はじめ各チームの機長たちが、はじめて経験することになるかもしれない立入検査に関わる飛行任務について思い悩んでいた。

「立入検査で哨戒ヘリコプターが飛行するとなれば、どんな任務が付与されるのか？　立入検査時の警戒飛行はどのような飛行要領で飛ぶのであろうか？　機内に携行する武器はどうするのか？……」

▼二四日午前一時過ぎ　能登半島沖の日本海　P-3C哨戒機

護衛艦「はるな」とともに「第一大西丸」を追跡していたP-3C哨戒機五〇七〇号機には、

護衛艦「はるな」に乗艦する吉川群司令から、海上警備行動の発令が遅滞なく伝達されていた。

一方、護衛艦「はるな」から離れた位置で「第二大和丸」を追跡していた五〇九八号機には、まだ、海上警備行動の発令は知らされていなかった。

午前一時過ぎ、第四航空群司令から五〇九八号と五〇七〇号機長宛に、

「第二航空群P-3C二機が対潜爆弾を搭載し間もなく八戸を離陸する。同機は不審船前方五〇〇ヤードに対潜爆弾を連続投下する予定」

との電報が入った。

約一〇分後に第三護衛隊群司令から、「第二大和丸」を追跡していた五〇九八号機に対し、

「護衛艦『みょうこう』は不審船の後方へ着弾すべく警告射撃を実施する。貴機は南方へ離隔せよ」

との指示が出された。

「海上警備行動が発令されたのでは？」と、刻々と緊迫していく情勢から木村機長は思った。

木村機長は、直ちに護衛艦「みょうこう」から南方約二〇海里の位置に避退し、警告射撃を開始した護衛艦「みょうこう」に対して五分毎に「第二大和丸」の位置と針路・速力、その近傍を航行する船舶の位置を通報して、付近を航行する船舶の安全を確保するよう努めた。

午前一時一九分、護衛艦「みょうこう」が「第二大和丸」に対し警告射撃を開始した。

午前一時三〇分、第四航空群司令から五〇九八号機長宛に電報が入った。

「海上警備行動が発令された。時刻〇〇五〇（発令時刻　二四日午前〇時五〇分）」

その数分後、再び第四航空群司令から五〇九八号機長宛に、

「第二航空群P－3Cによる対潜爆弾の投下は取止められた。護衛艦による警告射撃が実施される予定」

との電報を受信した。

この時点で護衛艦「みょうこう」は、既に五回の警告射撃を実施していた。

第四航空群司令部では、速やかに現場の機長に情報を伝えようと努めるものの、上級司令部からの情報の遅れも加わり、情報は遅れ遅れとなって現場の機長へ伝えられていた。また、現場の機長は、刻々と変化する現場の状況を速やかに報告しようと務めるものの、P－3C哨戒機と航空群司令部の間の衛星通信回線は一回線のみであり、現場からの報告も遅れ遅れとなっていた。

註
＊1　護衛艦に搭載する砲やミサイル、魚雷を管理・管制する砲雷科の長
＊2　砲雷長の指示の下で砲やミサイルの照準、調整、発射を実施
＊3　護衛艦の運用に関わる航海、気象、通信、航空管制、電子機器整備等を担当する科の長
＊4　部隊等の長（司令、艦長等）により指定され、当該部隊等の海曹士を統括し、部隊等の長を補佐する先任の海曹

第4章

航空部隊による警告爆撃

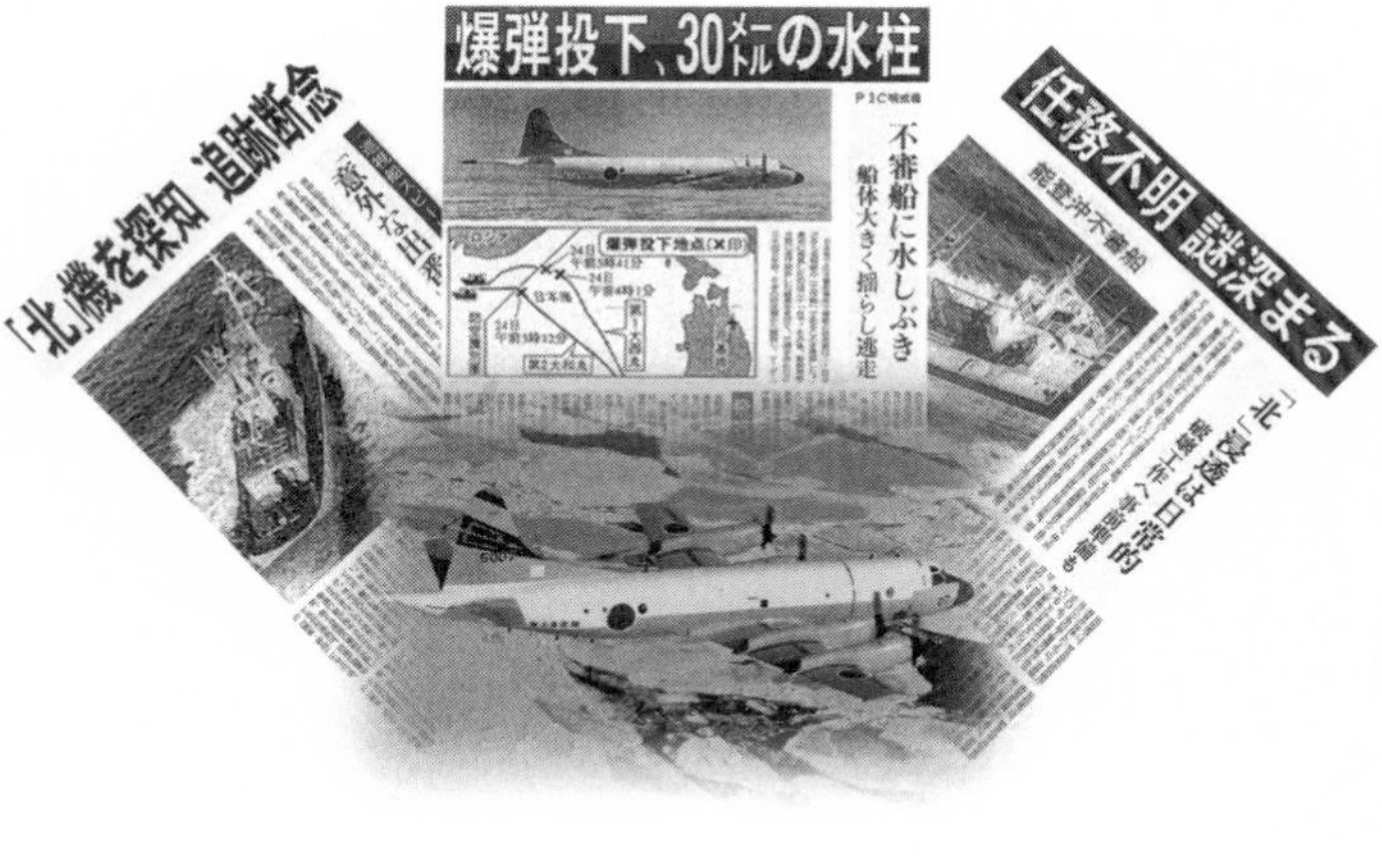

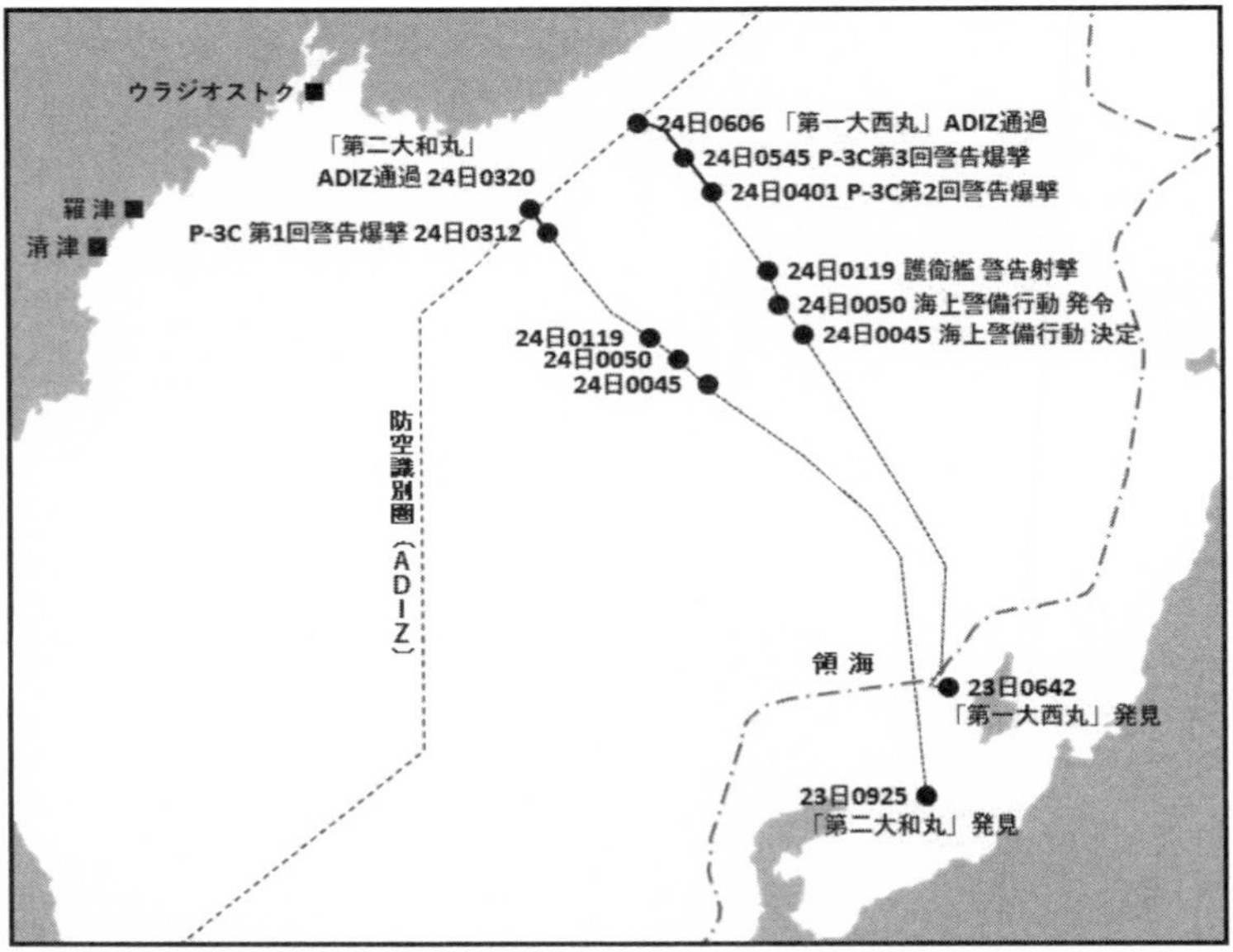

ウラジオストク
羅津
清津
「第二大和丸」
ADIZ通過 24日0320
P-3C 第1回警告爆撃 24日0312
24日0606 「第一大西丸」ADIZ通過
24日0545 P-3C第3回警告爆撃
24日0401 P-3C第2回警告爆撃
24日0119 護衛艦 警告射撃
24日0050 海上警備行動 発令
24日0045 海上警備行動 決定
24日0119
24日0050
24日0045
防空識別圏（ADIZ）
領海
23日0642
「第一大西丸」発見
23日0925
「第二大和丸」発見

日時	生起事象
3月24日午前1時30分過ぎ	第2航空隊５００９号、第４航空隊５０３３号、八戸航空基地を離陸
24日午前2時過ぎ	第2航空群司令、５００９号と５０３３号機長に対する帰投命令
24日午前2時30分前	第2航空群司令、５００９号と５０３３号機長に対する任務再開命令
24日午前3時	１５０kg対潜爆弾搭載の５００９号と５０３３号が現場到着
24日午前3時12分	５００９号、「第二大和丸」に対し警告爆撃を実施（対潜爆弾計４発）
24日午前3時20分	「第二大和丸」が防空識別圏の外へ逃走、護衛艦「みょうこう」は同船に対する追跡を終了
24日午前4時01分	５０３３号、「第一大西丸」に対し警告爆撃を実施（対潜爆弾計４発）
24日午前5時20分	護衛艦「みょうこう」、接近してくる２機のミグ21戦闘機を探知
24日午前5時54分	５００1号、「第一大西丸」に対し警告爆撃を実施（対潜爆弾計４発）
24日午前6時06分	「第一大西丸」が防空識別圏の外へ逃走、護衛艦「はるな」「みょうこう」「あぶくま」による追跡を終了
24日午前8時10分	５０９８号が厚木航空基地に着陸、警告爆撃の記録画像を提出

「指揮官は、決断を行うために存在し、決断と責任は誰も代わりに行ってはくれない」

中村悌次《なかむらていじ》　第11代海上幕僚長　海将（海兵67期）

1　一五〇kg対潜爆弾を抱いて

▼二三日午後一一時過ぎ　海上自衛隊　八戸航空基地

八戸航空基地は、青森県太平洋岸の八戸市に位置する最北端の海上自衛隊固定翼哨戒機部隊の航空基地であり、夜に入ると昼間降っていた雪もやみ、夜空は晴れていたものの、秒速七mの南西の風が吹き、外気温度は一度であったが風と湿度を加味した体感温度はマイナス一四度となる厳しい寒さであった。

中島榮一《なかしまえいいち》（幹候二二期）第二航空群司令は、一五〇kg対潜爆弾のP－3C哨戒機への搭載作業を行っている武器整備隊の隊員たちを激励するため、滑走路を隔てて北側にある弾薬庫地区へ向かった。

夜間で手がかじかむような寒さのなか、前年一〇月に補給部門を編入し改編された第二整備補給隊の武器整備隊の隊員たちと第四航空隊飛行隊の武器員たちは時間的な余裕がない状態であったものの、安全に留意しつつ、黙々と一五〇kg対潜爆弾とＨＡＲＰＯＯＮ対艦ミサイルの搭載作業を進めていた。

午後一一時過ぎ、対潜爆弾を投下するＰ－３Ｃ哨戒機の第一撃の機長、坂田二佐は群司令部で当直幕僚から任務に関する説明を受けていた。

坂田二佐は、

「相手に危害を加えずに効果的な警告を行うためには、一五〇kg対潜爆弾を正確に予定位置に弾着させる必要がある」

と考え、より低高度で爆撃が実施できるよう、

「定められている夜間の飛行安全高度五〇〇フィート（約一五二m）を、正確な位置に弾着させるため四〇〇フィート以下で警告爆撃を実施したい」

と群司令部当直幕僚に上申した。当直幕僚は、航空集団司令部の当直幕僚に電話を入れ坂田二佐の上申を伝えた。

群司令部当直幕僚から電話口に呼ばれた坂田二佐に、夜間飛行安全高度以下での警告爆撃の許可が、福谷航空集団司令官から直接与えられた。

坂田二佐から出撃報告を受けた中島群司令は、目を潤ませながら力のこもった両手で坂田二佐の手を握った。「絶対に帰って来い」という中島群司令の声にならない思いを感じながら、坂田二佐は群司令部を出て、搭乗員たちの待っ

P-3C哨戒機にHARPOON対艦ミサイルを搭載する武器整備員（海上自衛隊）

ている航空機へと向かった。

警告爆撃の準備が第二航空群に命ぜられた時、出撃する搭乗員については、隊司令と飛行隊長が相談して第二航空隊、第四航空隊ともにチーム資格Ａ（任務即応チーム）を選定したが、上級司令部の一部には、任務の危険性から万が一のことを考えて出撃する搭乗員は家族持ちでない独身者から選抜してチームを編成してはどうかとの意見もあり、両航空隊司令は再度検討した結果、「平素から同じチームで訓練を積んできた技量と気心の知れた搭乗員たちで実施すべき」との結論に至り、中島群司令に意見具申を行って了解を得た経緯があった。

坂田二佐の第二航空隊五〇〇九号機は、爆弾倉内に一五〇kg爆弾四発を搭載し、飛行前点検を終えた状態で、機内に整列した搭乗員とともに機長を待っていた。坂田二佐の第一撃は、任務開始までの時間的な制約から一五〇kg爆弾四発のみの搭載とされたが、第二撃と第三撃については一五〇kg対潜爆弾四発に加え、不審船から攻撃を受けた場合の反撃用としてＨＡＲＰＯＯＮ空対艦ミサイル二発を搭載する準備が進められていた。

機内整列に臨んだ坂田二佐は、任務の重大性と危険性が搭乗員の士気に与える影響を心配していた。出撃辞退を希望する搭乗員がいたら、他の搭乗員との交代も腹案として持っていた。

機内に入った坂田二佐は、「機長、行きましょう！」という、整列した古参の機上整備員か

朝焼けの八戸航空基地滑走路で離陸準備するP-3C哨戒機（海上自衛隊）

ら若手の対潜員に至るまでの搭乗員総員からの心強い声に迎えられ、機長としての心配は杞憂《きゆう》に終わった。

五〇〇九号機の坂田二佐は、エンジンを始動する直前、群司令部から「海上警備行動の発令」が伝えられた。第二航空群の多くの隊員が帽子を振って見送る中、午前一時半過ぎに第二航空隊の五〇〇九号機が、次いで第四航空隊の五〇三三号機が、深夜の八戸航空基地を離陸し、能登半島沖の日本海へ向かった。

第四航空隊司令の小川一佐は、不審船が防空識別圏を出るまでの間という航空部隊に与えられた時間が限られていることから、P－３C哨戒機が基地を離陸した後に不具合が発生して途中で引き返した場合、警告爆撃の時機を失してしまうことを心配していた。

しかし、間もなく、八戸航空基地を離陸した五〇〇九号機と五〇三三号機から相次いで、「オペレーション・ノーマル（異常なし）」と報告が入り、小川司令に残された心配は、不審船からの携行型対空ミサイルによる攻撃の恐れのみとなった。

▼二四日午前二時三〇分　能登半島沖の日本海

坂田機長の五〇〇九号機と僚機の五〇三三号機は、日本海に入ってしばらく経った時、第二航空群司令部から機長宛の電報を受信した。

「任務を中止して帰投せよ」

坂田機長は帰投命令を受け、航空機を着陸可能な重量とするため、満載した燃料の投棄を開始した。投棄された燃料は空中ですぐに気化してしまうが、燃料は機内から放出された直後は気化しておらず、燃料投棄中の発火を防ぐため、レーダや通信機器からの電波の輻射は禁止されている。

坂田機長は、第三対潜員（ＳＳ-３）にレーダ電波の輻射を停止させ、副操縦士と航法通信士に通信機器の使用を禁じさせた。

燃料の投棄中、航法通信士が、「機長、ＨＦ通信で基地から呼出しが入ってきました」と報告した。坂田機長は、直ちに機上整備員に燃料投棄の中止を命じ、航法通信士に「基地からの呼出しに応えろ」とＨＦ電波の発射を許可した。

第2航空隊P-3C哨戒機
（海上自衛隊）

「先の命令を取消す。五〇〇九号機と五〇三三号機は再度現場へ進出せよ」

との、任務再開の命令を受けた。坂田機長は、搭乗員の士気を鼓舞しつつ、再び能登半島沖の現場へ向かった。

この任務中止の命令は、「第一大西丸」が二三日午後一一時四七分に停船したため、停船のための警告措置は必要なくなったとの判断が遅れて伝わったためであり、任務再開の命令は、同船が二四日午前〇時〇九分に再び高速で逃走を開始したための任務再開であった。

「〇九号機は第二大和丸、三三号機は第一大西丸に対し対潜爆弾を投下する。現場到達予定〇三〇〇」

午前二時三〇分過ぎ、護衛艦「みょうこう」の警告射撃を無視して逃走を続ける「第二大和丸」を追跡中の第六航空隊Ｐ-３Ｃ哨戒機五〇九八号機は、第三護衛隊群司令に対して現場到着予定を報告する第二航空群のＰ-３Ｃ哨戒機の無線交話を傍受した。

木村機長は、

「本機の付与された任務は『不審船の追尾』であり、『不審船が装備すると見積られる携行型対空ミサイルの射程圏内には近接するな』との命令を群司令から受けている」

しかし、

「自衛隊創設以来初の海上警備行動が下令され、現場の情勢は第四航空群司令から命令を受けた時の情勢と大きく変わってしまっている。現在の情勢下において機長としてすべきことは、第二航空群のＰ-３Ｃ哨戒機が実施する警告爆撃と不審船の対応を記録することである」

と考え、赤外線探知装置（ＩＲＤＳ：Infrared Detecting System）による赤外線映像の撮影を決意し、第四航空群司令へその旨を意見具申して了解を得た。

午前三時、一五〇kg対潜爆弾を搭載した五〇〇九号機と僚機の五〇三三号機が現場海域に到着、現場指揮官である吉川第三護衛隊群司令から現場への進入許可を受けるとともに、「直ちに一五〇kg対潜爆弾による警告爆撃を実施せよ」との命令を受けた。

五〇〇九号機の坂田機長は、戦術士の田中俊男《たなかとしお》（航学二八期）三等海佐に「第二大和丸」の位置を確認したところ、「第二大和丸」は日本の防空識別圏を出るまでわずかな距離となっていた。

坂田機長は、「防空識別圏内で警告爆撃を実施できる進入機会は一回のみ」と判断し、

「月のない闇夜であり、操縦士である自分が『第二大和丸』を目視で確認しながら爆撃のための進入を行うことは困難である」

と考え、戦術士の誘導に従って目標への近接を行い、最終的な爆撃への誘導は機内で最年少の搭乗員であった第三対潜員（SS-3）の赤外線探知装置による誘導で行うことと決めた。

坂田機長から、「SS-3、誘導できるか？」との問いに対し、「機長、任せて下さい！」と若い第三対潜員（SS-3）は自信をもって答えた。

坂田機長は、緊張した環境の中でも、平素から演練してきた技量に自信を持ち、その技量を充分に発揮できる搭乗員に対して感動を覚えた。

戦術士の示す進入経路に従って、坂田機長の操縦により五〇〇九号機は、「第二大和丸」への近接を開始した。

第6航空隊P-3C哨戒機5098号（海上自衛隊）

五〇九八号機の木村機長は搭乗員に、

「第二航空隊の五〇〇九号機が不審船に対して警告爆撃を実施する。本機は、警告爆撃の状況と不審船の対応を赤外線探知装置で撮影する」

と伝え、

「五〇〇九号機の斜め後方に編隊飛行の要領で付いて撮影する」

と操縦士に飛行指示を与えた。

海上自衛隊幹部候補生学校を修業し、外洋練習航海を終えて第六航空隊に着任し、再養成訓練を完了して間もない三等海尉の操縦士は、

「機長、私はまだ編隊飛行の資格がありませんが……」

「資格？　やれる自信あるだろ！」

「はい！　編隊の位置に付きます」

第六航空隊五〇九八号機は、第二航空隊五〇〇九号機の右斜め後方の位置に向けて近接を開始した。

2　不審船の注意を本機に引き付ける！

▼二四日午前三時過ぎ　能登半島沖の日本海

午前三時過ぎ、第六航空隊五〇九八号機の木村機長は、第二航空隊五〇〇九号機の坂田機長に、

「貴機が行う警告のための爆撃と不審船の対応を、赤外線探知装置により撮影する。本機は、貴機の斜め後方の位置に付く」

と伝えるとともに、僚機である第六航空隊五〇七〇号機の機長へも意図を伝達した。五〇九八号機は五〇〇九号機と合流し、右後方五〇〇〇ヤードの撮影位置に付いた。

坂田機長は、警告爆撃の最終進入に入る前に夜間最低安全高度以下の三〇〇フィートまで高度を降ろし、不審船から携行型対空ミサイル攻撃の目標となるのを防ぐため、機外灯火をすべて消灯させた。

五〇〇九号機の機外灯火を頼りに、同機の撮影位置に付いていた五〇九八号機の操縦士が、

「機長、〇九号機が見えません！　撮影位置から離脱します！」

と叫んだ瞬間、第三対潜員（ＳＳ‐３）が、

「機長、〇九号機は赤外線探知装置（ＩＲＤＳ）で捉《とら》えています。誘導、任《まか》せて下さい！」

と言った。

「了解、ＳＳ‐３、ＩＲＤＳ誘導！」

木村機長は、赤外線探知装置による誘導を下令した。

「警告爆撃するＰ‐３Ｃ、弾着後の水柱、高速で逃走する不審船の三者が画面内に入るよう誘導」

「了解、ＰＩＬＯＴ、ちょい右、針路二九八度」

「よーそろ（定針）、針路二九八度」

五〇〇九号機は警告爆撃を行うため、「第二大和丸」の針路前方を横切る形の最終進入コースに入った。

操縦士から、

「機長、本機も機外灯火を消しましょうか？」

と聞かれた。操縦席中央に座る機上整備員が、不安な顔で戦術士席を振り返る。

一瞬、木村機長は考えた。

（警告爆撃を成功させるには、爆撃を行う五〇〇九号機は機外灯火をすべて消灯させて携行型対空ミサイルの脅威から逃れる必要がある。一方、警告効果を高めるためには、本機は機外灯火をすべて点灯したまま航空機の存在と接近を不審船に認識させた上で警告爆撃を行うことが望ましく、また、不審船の注意を本機に引き付ける効果もある。しかし、それは本機の搭乗員を危険にさらすことになる。「使命」の達成と部下の「安全」の確保、どちらを優先するか……。高速で逃走するこの不審船に拉致された日本人が乗っているかもしれない、彼らの不法行為を白日の下にさらす必要がある。やるべきことは、不審船を停船させ、立入検査が可能となる状態にすることである）

木村機長は、決断した。

「本機は、全灯火を点灯させたまま飛行し、不審船の注意を本機に引き付ける」

決断まで実際は数秒であったが、木村機長にはものすごく長い時間に感じられた。この間、全搭乗員の視線が機長の背中に集中し、機長の決断を待っているのを感じた。

爆撃針路に入る時、木村機長は、

「オール・クルー（全搭乗員）、機長、爆撃進入に入る。機外見張りを厳となせ。セット・コンディション１（戦闘配置につけ）」

爆弾倉扉を開いて攻撃進入する
P-3C哨戒機（海上自衛隊）

対潜爆弾を投下するP−3C哨戒機
（平成18年度防衛白書）

と下令し、

「不審船が発砲したら、ＰＩＬＯＴは右旋回、ＣＯ－ＰＩＬＯＴは護衛艦へ、ＮＡＶ／ＣＯＭＭは基地へ緊急通信、ＳＳ－３は護衛艦へ誘導」

と全搭乗員に伝えた。

「突っ込むぞ！」と機長が言った時、正操縦士、副操縦士、航法通信士から直ちに「了解」との返事があったが、海曹搭乗員は一瞬沈黙した。

「了解の返事ができない海曹は、機外へ突き落とす！」

海曹搭乗員の先任が怒鳴った途端、次々と海曹搭乗員から「了解」の返事が機長のところへ返ってきた。

午前三時一二分、五〇〇九号機は、「第二大和丸」の針路前方五〇〇ヤードを横切る形で四発の一五〇kg対潜爆弾を次々と投下し、警告爆撃を終了した。

針路の前方五〇〇ヤードに四発の対潜爆弾による爆撃を受けた「第二大和丸」は、噴き上がる水柱の間を左回頭してやや減速した。

五〇九八号機では赤外線探知装置により、爆撃進入するＰ－３Ｃ哨戒機、四発の対潜爆弾が次々と爆発し水柱が噴き上がる中、高速で逃走する「第二大和丸」の状況を鮮明に記録することができた。

爆撃を終了した五〇〇九号機は、「第二大和丸」からの攻撃を避けるため、エンジンを最大出力として高速で携行型対空ミサイルの射程圏外へ離脱して帰投針路についた。

坂田機長は、高度を上げてレーダで周辺の海空域を確認させると、現場周辺には海上自衛隊に加え、航空自衛隊や海上保安庁の航空機も飛行しており、任務を完遂したという昂揚感とともに、これら多くの艦船や航空機の支援を受けながら任務を遂行できたことを知り、心の中で感謝した。

記録撮影を終了した五〇九八号機も、高速で五〇〇九号に続いて離脱し、「第二大和丸」から離隔した位置で追跡を継続した。

「第二大和丸」の左前方の位置で同船を追跡していた護衛艦「みょうこう」は、坂田機長からの要請によりＰ－３Ｃ哨戒機による警告爆撃に備え、同船の後方約一〇〇〇ヤードの位置に後退して追尾を継続していた。

護衛艦「みょうこう」艦上でも、警告爆撃によ

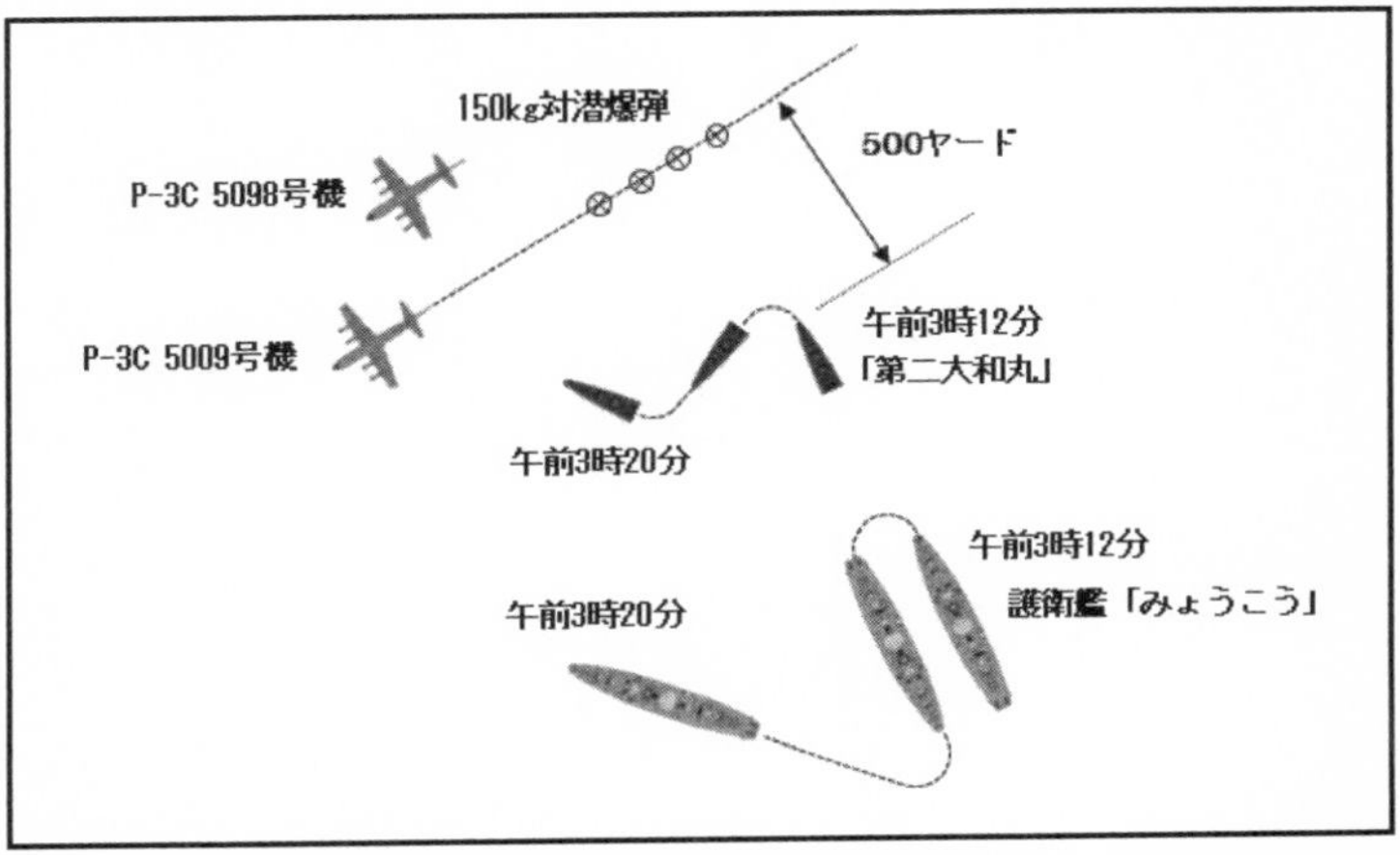

P−3C哨戒機5009号の対潜爆弾投下と「第二大和丸」の態勢図
（筆者作成）

る四発の対潜爆弾が次々に爆発する大きな爆発音と激しい衝撃が感じられた。鈴木艦長には、「第二大和丸」に対してかなりの警告効果があったと感じられ、同船は一時速力を一六ノットまで減速し停船するかと思われた。しかし、その後、同船は一挙に速力を増速して三〇ノット以上の高速で北西方向へ向け逃走を継続した。

▼二四日午前三時三〇分前　海上自衛隊 八戸航空基地

午前三時三〇分前、第二航空群司令宛てた五〇〇九号機機長からの報告電報が第二航空群司令部に届いた。

「不審船の前程五〇〇ヤードに対潜爆弾四発を投下、不審船は停船した」

第二航空群司令部の作戦室では、幕僚たちから歓声があがった。

しかし、続いて受信した追加報告により、「第二大和丸」は警告爆撃により一時的に減速したものの、再び増速して高速で逃走を継続していることを知った。

▼二四日午前三時四五分　霞が関 海上保安庁本庁

午前三時過ぎ、海上保安庁本庁の警備救難部で記者会見が行われることとなり、記者たちが霞が関の海上保安庁本庁に参集し始めていた。

午前三時四五分、記者会見が始まった。

杉原警備三課長は、巡視船艇による不審船の追跡が困難となった事態について、「残念。（不審船は）海上保安庁の能力を超えており、どうしようもなかった」と、悔しさ隠せない様子で語った。

また、海上自衛隊に追跡を交代することを考えた時期について記者から質問され、「我々は、あらゆる手段で停船させようとしていた。現場は、防衛庁に頼ろうとは考えていなかった」と、気色ばむ場面もあった。

記者会見は、一時間二〇分にもおよんだ。

海上警備行動が発令され、二隻の不審船に対する海上自衛隊の護衛艦や哨戒機の活動を横目で見ながら、海上保安庁の幹部は無念さをにじませていた。

3　不審船捕獲の「漁網作戦」

▼二四日午前四時　能登半島沖の日本海

「第二大和丸」は、三〇ノット以上の高速で北西方向へ逃走を継続した。

護衛艦「みょうこう」では、鈴木艦長は最大戦速を下令したが同船に追いつけず、同船との距離は徐々にひろがっていった。

午前三時二〇分、「第二大和丸」は、北緯四一度四六分、東経一三三度五三分の位置で日本の防空識別圏を超えた。同船は、護衛艦「みょうこう」の追跡を振り切るため、三五ノットまで増速して逃走を継続した。鈴木艦長は、最大戦速でも同船に追いつくことができず、同船の追跡を断念せざるを得なかった。

警告爆撃の記録撮影を終えたP－３C哨戒機五〇九八号機は、防空識別圏内に留まりながらレーダにより、「第二大和丸」の追尾を継続した。同船は日本の防空識別圏の外に出た後、左右に変針を繰返しながら北西方向へ逃走を続けた。五〇九八号機は、同船の動静を逐次、吉川第三護衛隊群司令へ通報した。

　吉川第三護衛隊群司令は、「第二大和丸」が追跡限界線である防空識別圏の外に出たため、護衛艦「みょうこう」に「第一大西丸」の追跡を命じ、護衛艦「はるな」、護衛艦「あぶくま」とともに三隻で「第一大西丸」を挟み込んで逃走を阻止しようと試みた。

　午前三時五〇分、Ｐ‐３Ｃ哨戒機五〇九八号機は、防空識別圏の外に逃走した「第二大和丸」をレーダにより追尾中、北東から南東の針路で「第二大和丸」に速力一一ノットで近接する中型の水上目標をレーダ探知した。午前四時一分、速力二九ノットで逃走中だった「第二大和丸」は両船の距離が八海里となった時点で速力を八ノットに減速、近接中の中型目標も九ノットに減速した。

　五〇九八号機の木村機長は、両船が会合する可能性があることから、状況を第三護衛隊群司令に報告したが、護衛艦もＰ‐３Ｃ哨戒機も防空識別圏内に留まるよう命令を受けていたため、接近して両船の状況を確認することができず、レーダで追尾しつつ、遠方から赤外線探知装置（ＩＲＤＳ）で確認したところ「第二大和丸」は左右の回頭を繰り返して中型目標に近接中していたが、行動の詳細を把握することはできなかった。

　午前四時〇一分、第四航空隊の坂崎靖夫《さかざきやすお》（航学二三期）三等海佐機長のＰ‐３Ｃ哨戒機五〇九九号機が、「第一大西丸」の針路前方五〇〇ヤードに対潜爆弾四発による警告爆撃を行ったも

の の、同船は高速で逃走を継続した。

護衛艦「はるな」の艦内では、第三護衛隊群司令部の幕僚たちが、「第一大西丸」の逃走を阻止するための方策について検討を行っていた。同船は、護衛艦や哨戒機による追跡の限界線である防空識別圏へ近づきつつあり、護衛艦にとって残された時間はわずかとなっていた。

幕僚たちによる検討の結果、体験航海の時に民間人の乗艦者が甲板から転落するのを防止するために使っているナイロン製の安全ネットをつなぎ合わせて不審船の針路前方に流し、不審船のスクリューにからめさせて停船させる方策を採ることとされた。吉川群司令の了解を得て、護衛艦「はるな」の乗員たちは、艦内にある転落防止用安全ネットを集めてつなぎ合わせ、幅一ｍ、長さ約三五〇ｍの不審船をからめ獲る「魚網」を作った。

この方策は、第三護衛隊群司令部から護衛艦「みょうこう」へも伝えられた。

保井第六三護衛隊司令は、暗夜に高速で逃走する小回りの利く不審船に対しては有効な方策とは思えず、また、不審船が装備しているであろう武器の射程圏内に入る必要があることから、護衛艦「みょうこう」の由岐中船務長に、「本艦は、方策の採用を断る、と群司令部へ伝えろ」と指示した。

由岐中船務長は、保井司令を振り返って、「断っていいんですね」と確認した。

暗い戦闘指揮所（ＣＩＣ）の中でも、由岐中船務長の目が血走っているのが保井隊司令にはわかった。

午前五時過ぎ、護衛艦「はるな」は、「第一大西丸」の前に回り込み、同船の針路前方に

「魚網」を仕掛けた。同船は針路を維持したまま、仕掛けられた「魚網」の方向に向かって逃走していた。「魚網」まで約一〇〇ｍになった時、「第一大西丸」は突然、舵を右に切って「魚網」を回避した。

午前五時二〇分であった。

「第一大西丸」が現在の速力のまま逃走した場合、日本の防空識別圏を出るまで残された時間は約四五分間となった。第三護衛隊群司令部の幕僚たちの顔には、焦りと悔しさの表情がにじみ出始めていた。

▼二四日午前四時過ぎ　檜町（六本木）防衛庁

海上警備行動発令後、第二回目の記者会見が防衛庁で開かれた。

冒頭で野呂田防衛庁長官は、

「海上警備行動を行うに当たりましては、午前〇時三〇分に運輸大臣から正式に『海上警備行動に移って欲しい』という要請があって、一連の行動がとられたということを追加して申上げたいと思います」

と、前回の記者会見での発表に追加した。続いて、

「私どもも、色々と検討させていただき、例えば、実弾で相手の舵のある部分を破壊できないかというようなことも検討してみましたが、非常に問題があり過ぎるという結論に至り、『第二大和丸』が防空識別圏の外へ逃走してしまった）今となっては『第一大西丸』を護衛艦『はるな』と『みょうこう』で停船させるようなことができないのかということで、大変緊張感をも

って行動をとらせているところです」

と述べ、

「『第二大和丸』が防空識別圏を三五ノットのスピードで越え、これ以上やるといろいろな問題があり過ぎるということで（『第二大和丸』に対する追跡を）終了させたという事態の変更になりましたので、記者の皆さまに報告したい次第であります」

と、苦渋の色を浮かべながら発表を終えた。

記者からは、『第一大西丸』がこのまま逃げて防空識別圏に近づいた場合、今回に限って舵を狙って射撃するということは考えていないのですか」との質問が出た。

野呂田防衛庁長官は、「これはいろいろ関係者と相談しましたが、無理があるということになりました」と答え、柳沢運用局長が質問を引取るかたちで、

「相手に危害を与えられる要件というのが正当防衛、緊急避難ということが警職法（警察官職務執行法）の準用により規定されています。こちら（護衛艦）が積んでいる武器の性能等、それから相手の船（の大きさ）等から考えて、なかなか難しい判断になるということです」

と答え、続いて野呂田防衛庁長官が、

「結局、正当防衛とか緊急避難の要件に当たらなければ、船体を実弾射撃で攻撃することには無理があるということです」

と回答を整理した。

第二回目の記者会見は約二〇分間で終了となった。

4　北朝鮮戦闘機の飛来

▼二四日午前五時過ぎ　能登半島沖の日本海

午前五時過ぎ、護衛艦「みょうこう」は、北朝鮮の戦闘機二機が基地を発進したとの情報を受け、対空警戒を厳とした。

防空装備に劣る護衛艦「あぶくま」は、直ちに最大速力で防空能力の優れた護衛艦「みょうこう」へ合同すべく近接を開始した。

午前五時二〇分過ぎ、護衛艦「みょうこう」の対空レーダは、北西方向から四〇〇ノットの高速で南下してくる二機の機影を探知した。二機の高度は約三〇〇〇〇フィートであり、保井隊司令は警戒態勢を維持しながら国籍不明機の追尾を行ったものの、護衛艦に対する攻撃意図はないものと判断した。

護衛艦「あぶくま」艦長の大津雅紀《おおつまさのり》（幹候三〇期）二等海佐は、護衛艦「みょうこう」の対空ミサイルの射程圏内に入った時、対空脅威に対する緊張から一気に解放され安堵した。

午前五時二〇分過ぎ、防空識別圏を超えて北西方向へ逃走を続ける「第二大和丸」をレーダで追尾中の第六航空隊P-3C哨戒機五〇九八号機は、航空自衛隊のレーダ・サイトが緊急周波数で国籍不明機に対する警告を傍受した。

木村機長は、

「SS-3、北西方向から高速で南下してくる航空機がある。対空見張りを厳《げん》となせ」

と注意喚起した数分後、

「機長、小型航空目標探知、敵味方識別装置（IFF：Identification Friend or Foe）に応答なし、高速で本機に接近中」との報告に引続き、「機長、同目標から北朝鮮戦闘機のレーダ波と推定される電波を探知」と第三対潜員（SS-3）が報告した。

「PILOT、急旋回で南方へ回避」

と、木村機長は操縦士に命ずるとともに、僚機の第六航空隊五〇七〇号機に航空目標の接近情報を伝えた。

五〇九八号機と五〇七〇号機は、南方へ避退しつつ、北朝鮮戦闘機と思われる航空機の再接近を警戒したものの、二機の航空目標は北方へ去って行った。

午前五時四二分、現場海域の水平線から太陽が昇りはじめた。

五〇九八号機は、第三護衛隊群司令と第二航空群の第二航空隊P-3C哨戒機五一〇一号機の無線交話を傍受した。

木村機長は、日出から間もない時間帯ではあるものの、P-3C哨戒機が警告爆撃を行う状況をビデオ画像で撮影すれば報道用映像としても活用できると考え、第二航空隊五一〇一号機機長の大野《おおの》鉄洋《てつひろ》（航学二七期）三等海佐機長に投下予定時刻を確認した。しかし、五〇〇一号機は既に午前五時四五分、「第一大西丸」に対する警告爆撃を終了したとのことから、ビデオ映像の撮影を断念した。

午前六時、第四航空司令から第六航空隊P-3C哨戒機五〇九八号機長宛、

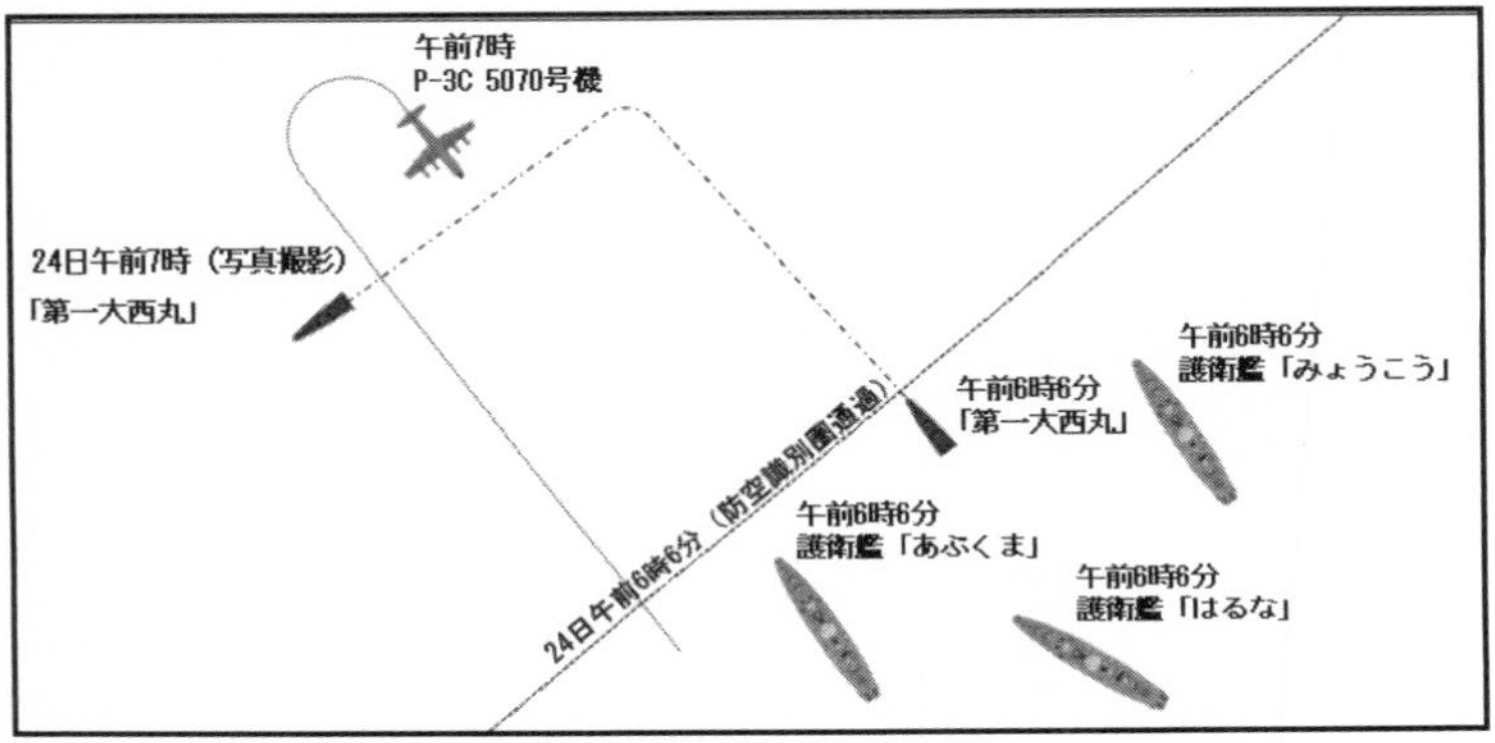

防空識別圏通過時と写真撮影時の態勢図（筆者作成）

「五〇九八号機は、次直機の第三航空隊五〇九六号機に任務を引継いだ後、速やかに厚木航空基地に帰投し、着陸後直ちに警告爆撃を撮影した赤外線探知装置の記録映像を群司令部へ提出せよ」

との命令を受信した。

午前六時〇六分、北西方向に高速で逃走する「第一大西丸」も日本の防空識別圏を超え、三隻の護衛艦による同船の追跡は中止された。

護衛艦「みょうこう」は、「第一大西丸」の動静を確認するため現場海域に留まり、防空識別圏の内側からレーダによる同船の追尾を継続した。

午前六時四五分過ぎ、第四航空群司令からの命令により、五〇七〇号機は防空識別圏を超えて「第一大西丸」の写真撮影に向かった。五〇九八号機は厚木航空基地を発進し現場に到着した第三航空隊五〇九六号機に任務を引継いで厚木航空基地への帰投針路についた。

▼二四日夜明け前　海上自衛隊　八戸航空基地

八戸航空基地、春の訪れはまだ遠い。

夜明け前の八戸航空基地では南南西の弱い風が吹き、外気温度は零下にはなっていないが、体感温度はマイナス一四度と冷え込んでいた。

第二航空群では、海上警備行動の発令にともない、午前五時に全隊員を呼集する警急呼集部署を発動、八戸航空基地への不法侵入者に対する警戒を強化するための自隊警備部署を下令し、隊員たちは肌を刺す寒気の中で基地を囲む外柵付近や基地内の重要施設や駐機場に並んだ航空機の警戒に就いていた。

警告爆撃を終えて帰投した五〇〇九号機機長の坂田二佐は、群司令への帰投後報告を終え、防寒着に身を包んだ搭乗員たちと飛行隊への歩みを進めていた。黙々と歩きながら坂田二佐は、

「報告を受ける中島群司令の毅然とした中にも温かさを感じる指揮官としての立居振舞、自分も将来はこのような指揮官になろう」

と心に誓っていた。坂田二佐は、

「不審船から攻撃され、帰ってこられないかもしれなかったと言うのに、自分の家族に何も伝えず任務に臨んだが、無事に基地に帰ることができたので、まぁ良しとしよう」

と心のなかで自分に言い聞かせた。

後日談ではあるが、坂田二佐は、当時海上幕僚監部の経理課に勤務していた同期から、

吹雪の八戸航空基地でエンジンを始動するP-3C哨戒機（海上自衛隊）

「経理課では、警告爆撃の航空機に不測の事態があった場合に備え、出撃した搭乗員たちの退職手当や賞恤金《しょうじゅつきん》（危険を顧みず殉職した公務員の遺族へ支給される弔慰・見舞金）の計算をしていた」と知らされた。

▼二四日午前八時過ぎ　海上自衛隊　厚木航空基地

午前八時一〇分過ぎ、五〇九八号機は厚木航空基地に着陸した。

五〇九八号機が着陸すると、群司令部の車両が滑走路脇に待機しており、赤外線探知装置の記録映像は速やかに第四航空群司令部へ届けられ、この映像は証拠資料として首相官邸へ輸送されたとのことであった。

複写した赤外線探知装置の記録映像は、航空集団司令部にも届けられた。撮影された赤外線映像から、一五〇kg対潜爆弾が爆発して巨大な水柱があがった瞬間、「第二大和丸」は速度を落として回頭したものの、その直後、何も無かったかのように逃走を再開したことが確認できた。

赤外線映像を見た平田作戦主任幕僚は、「我々にできる逃走阻止は、ここまでであった」と感じた。

帰投後報告を終え、群司令部から第六航空隊の飛行隊へ帰る間、五〇九八号機の搭乗員たちは終始無言であった。

陽の光が眩《まぶ》しく感じられ、春の訪れを告げる雲雀《ヒバリ》のさえずりが滑走路地区から聞こえてくる。

飛行中の緊張が一挙に去り、不審船を停船させることはできなかったとはいえ、疲労感とともに、『使命』を果たすために全力を尽くした」という達成感が少しずつ心の中に湧き上がってきた。

「今まで、今回のような事態を想定した訓練をやったことはなかった。ましてＰ-３Ｃ哨戒機で、Ｐ-２Ｊ対潜哨戒機時代の対潜爆弾を不審船に対して投下するなど想像もしていなかった。

しかし、結果的には不審船を停船させることはできなかったものの、現場においては航空部隊も護衛艦部隊も、それぞれに与えられた『使命』を苦悩しながら各々の立場で『決断』し、任務の遂行に全力を尽くしてきた」

平素からの訓練の大切さをあらためて考えながら、木村三佐は黙々と飛行隊への歩みを進めた。

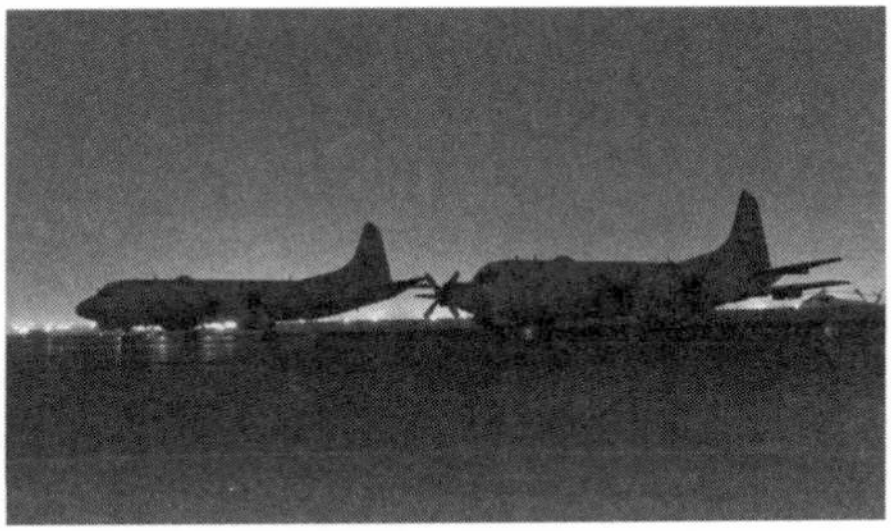

厚木航空基地の駐機場で翼を休める
P-3C哨戒機（海上自衛隊）

第5章

海上警備行動の終結

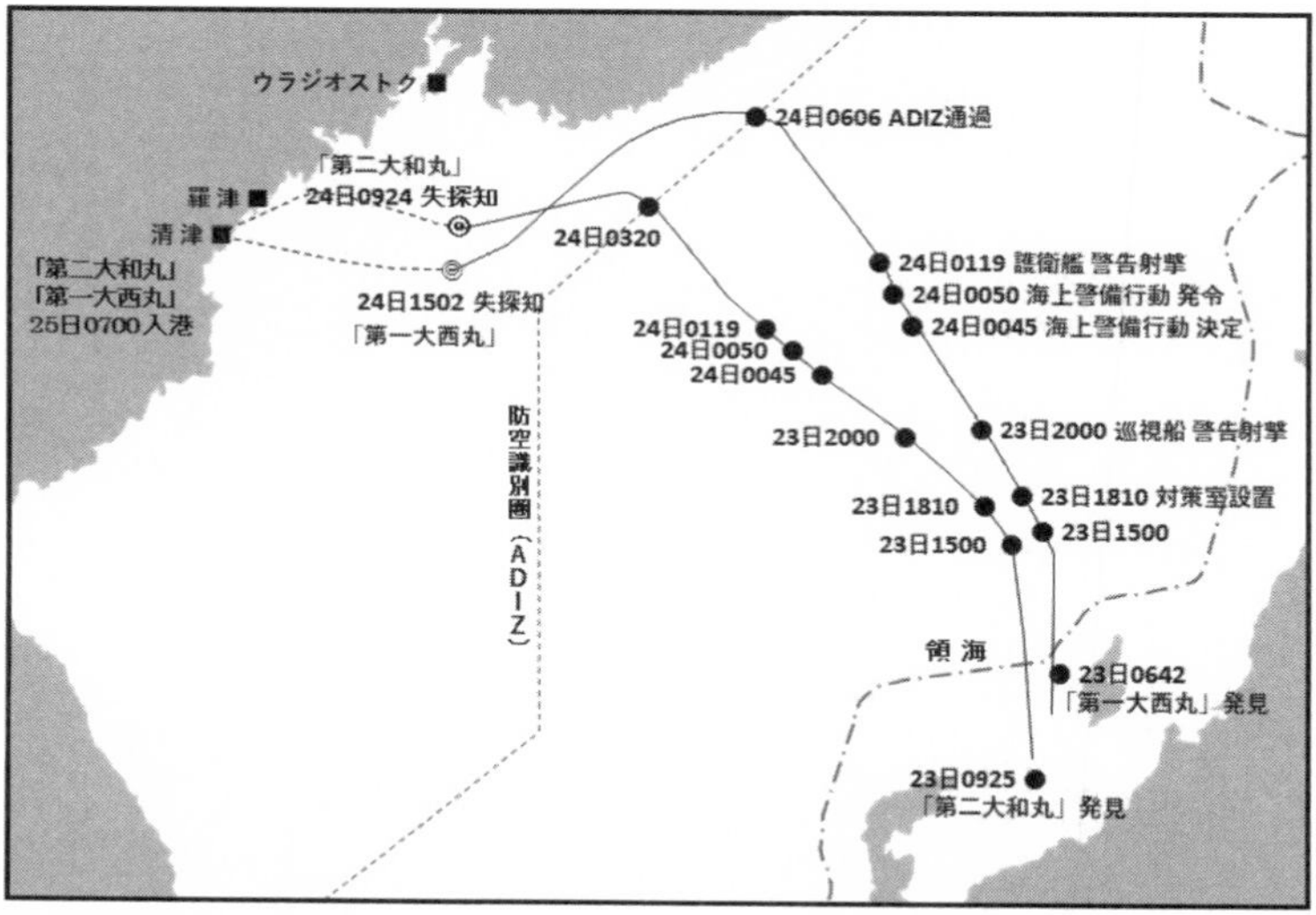
ウラジオストク
羅津
清津
「第二大和丸」
「第一大西丸」
25日0700入港
「第二大和丸」
24日0924 失探知
24日1502 失探知
「第一大西丸」
24日0320
24日0606 ADIZ通過
24日0119 護衛艦 警告射撃
24日0050 海上警備行動 発令
24日0045 海上警備行動 決定
24日0119
24日0050
24日0045
23日2000
23日2000 巡視船 警告射撃
23日1810
23日1810 対策室設置
23日1500
23日1500
防空識別圏（ADIZ）
領海
23日0642
「第一大西丸」発見
23日0925
「第二大和丸」発見

日時	生起事象
3月24日午前7時55分	航空自衛隊E-2C早期警戒機が南下するミグ21戦闘機4機を探知
	2機のミグ21戦闘機が防空識別圏へ接近したため、小松基地からF-15戦闘機が緊急発進し戦闘空中哨戒を実施
24日午前8時39分	首相官邸で関係閣僚会議が開催
24日午前9時24分	不審船1隻が防空識別圏内のP-3C哨戒機レーダ覆域外へ逃走
24日午後0時30分	衆議院第一別館で衆議院沖縄・北方問題特別委員会が開催
24日午後1時過ぎ	自民党本部で国防・外交関係合同部会が開催
24日午後3時02分	残りの不審船も防空識別圏内のP-3C哨戒機レーダ覆域外へ逃走
	北朝鮮領海内での艦船の活動が活発化
24日午後3時30分	野呂田防衛庁長官、「海上警備行動」の終結を命令
24日夜	2隻の不審船は北朝鮮領海に入り羅津港沖に停泊
25日午前7時過ぎ	2隻の不審船、清津港に入港

「勇気は、素質と平素からの修練に負うところも大きいが、旺盛な責任感のもと、与えられた任務を全うしようとする意志の力が最も重要な要素であると思う」
鮫島博一《さめじまひろかず》　第9代統合幕僚会議議長　海将（海兵66期）

1　虚脱と緊張の狭間で

▼二四日朝　新潟　第九管区海上保安本部

二四日朝、新潟の第九管区海上保安本部では、真角孝吉《ますみたかよし》警備救難部長が記者会見を行い、「不審船に離され、悔しい面もあるが、現在ある装備で精一杯やった」と、淡々とした表情で語った。

不審船二隻の追跡にあたった第九管区海上保安本部所属の巡視船艇三隻は、同日朝から昼にかけて直江津港（新潟県）などに帰港した。

午前八時四〇分、自動小銃により一五〇〇発の警告射撃を行った巡視艇「なおづき」は、直江津港の岸壁に着岸した。巡視艇から下船してくる乗組員たちは、前夜からの追跡に疲労感を漂わせていた。

▼二四日午前六時　朝鮮民主主義人民共和国　平壌

北朝鮮の首都、平壌《ピョンヤン》。

毎朝六時から約二〇分間、北朝鮮の国民にニュースを伝えている朝鮮中央通信は、この日の朝、日本の海上警備行動発令について何も伝えなかった。

日本政府は、ニューヨークの国連代表部と在北京の日本大使館を通じ、北朝鮮側に同国領海内に不審船が入った場合は拿捕して日本側に引渡すよう求めようとしたものの、北朝鮮側と接触ができない状態が続いていた。

▼二四日午前七時五五分　能登半島沖の日本海

能登半島沖の日本海には、海上警備行動で展開した護衛艦や哨戒機の他に、航空自衛隊のＥ－２Ｃ早期警戒機が現場上空で航空目標に対する警戒監視を行っていた。

警戒航空隊E−2C早期警戒機
（航空自衛隊）

第6航空団F−15戦闘機
（航空自衛隊）

午前七時五五分、Ｅ－２Ｃ早期警戒機のレーダは、北朝鮮方向から「第一大西丸」に向かって高速で接近する四機の小型目標を探知した。速度などから北朝鮮のＭＩＧ－21戦闘機と判断され、うち二機が日本の防空識別圏に向かってきた。

また、北朝鮮軍が警戒態勢に入ったことを示す通信情報も確認されており、航空自衛隊は北朝鮮戦闘機の領空近接や侵犯に備え、小松基地（石川県）から二機のF－15戦闘機を緊急発進させ、能登半島沖の日本海上空で戦闘空中哨戒（CAP：Combat Air Patrol）に就かせた。航空自衛隊F－15戦闘機二機は、北朝鮮戦闘機の領空近接に備えたものの、二機の北朝鮮戦闘機は防空識別圏に進入することなく北方へ飛び去っていった。

▼二四日午前八時過ぎ　海上自衛隊　厚木航空基地

航空集団司令部では、高々度で飛行しながらレーダ覆域を拡大させ、防空識別圏の内側から不審船の追尾を行っている第三航空隊P－3C哨戒機五〇九六号機に対する北朝鮮戦闘機による対応行動が心配された。

現場海域上空で航空目標に対する警戒監視を行っている航空自衛隊のE－2C早期警戒機から、北朝鮮戦闘機の情報が航空自衛隊の自動警戒管制システム（BADGE：Base Air Defense Ground Environment）を経由し、航空集団司令部で常に把握できたため、必要に応じて現場のP－3C哨戒機に対して避退を命じていた。

自動警戒管制システム（BADGE）とは、防空監視を行う地上のレーダ・サイトや空中のE－2C早期警戒機が探知した航空目標を、防空指令所の大型表示板に航跡情報を表示して識別を行い、要撃管制官が緊急発進した迎撃戦闘機を音声通信により目標へ誘導する防空指揮管制システムであり、昭和四四年三月から航空自衛隊において運用が開始された。

現場では、二隻の不審船が北朝鮮沿岸に近づくにつれ防空識別圏との距離が離れ、P－3C哨戒機が防空識別圏内で高度を上昇させることによりレーダ覆域を拡大させ、電波水平線を拡げて防空識別圏外を遠ざかっていく二隻の不審船を追尾していたが、航空機の上昇性能上での限界が近づいていた。

▼二四日午前八時過ぎ　檜町（六本木）防衛庁

防衛庁では、平岡裕治《ひらおかゆうじ》（防大八期：海幹候一五期相当）航空幕僚長が、「さらに追跡を続ければ、護衛艦に対する航空自衛隊の防空支援態勢が伸びきってしまい、北朝鮮の航空攻撃が有利になります」と、野呂田防衛庁長官に助言した。

▼二四日午前八時過ぎ　永田町　首相官邸

午前八時過ぎ、野中官房長官、鈴木宗男《すずきむねお》官房副長官、上杉光弘《うえすぎみつひろ》官房副長官らが、あわただしく首相官邸に入った。

午前八時三九分、小渕総理大臣が首相執務室に入り、野中官房長官、高村外務大臣、川崎運輸大臣、野田毅《のだたけし》自治大臣、野呂田防衛庁長官らが出席して関係閣僚会議が開かれ、会議の冒頭で小渕総理大臣は、

「（不審船の領海への侵入が）再発するかもしれないので、政府が一丸となって対応することが重要だ。今回の事態を謙虚に受け止め、危機管理に万全を期すように」

と、指示した。

会議では、逃走した二隻の不審船への対応が協議された。

「まだどこの（国の）船だか決まったわけではない」と高村外務大臣は述べ、上杉官房副長

官は、「北朝鮮への対応は別なものになるのではないか」と発言した。

会議は約五〇分で終了し、同船が北朝鮮の領海に入る可能性が高いことから、ニューヨークの国連代表部と在北京の日本大使館を通じて、北朝鮮に不審船の引渡しを引続き求めていくことが決められた。

また、海上自衛隊のP－3C哨戒機による警戒監視を継続するとともに、今後も必要に応じて関係閣僚会議を開くことも確認された。

午前中に行われた記者会見で、野中官房長官は、「不審船の国籍については、断定できていない」としながらも、北朝鮮船である可能性を示唆した。

高村外務大臣も、

「北朝鮮の船であることはまだ断定できないが、我が国領海で違法　行為をした疑いのある船舶が北朝鮮水域に入る可能性がある。その場合、(北朝鮮政府に) 当該船舶を捕獲し、我が方へ引渡すよう申入れる」

と述べ、北朝鮮に事件解決に協力するよう要請する方針を明らかにした。

また、高村外務大臣は、二四日未明に「米国、韓国、ロシアに対して、不審船に関する事実関係と自衛隊による海上警備行動について説明を行っており、ロシアは積極的な協力を申し入れている、中国に対しては二四日中に在北京日本大使館を通じて事実関係を説明する」とも語った。

伊藤内閣安全保障室長は、会議内容を説明した後、「我が国としての安全の確保に対する意志を明示するものとして重要なものであった」という小渕総理大臣の発言を記者に紹介した。

▼二四日午後〇時三〇分　永田町　衆議院第一別館

午後〇時三〇分から開かれた衆議院沖縄・北方問題特別委員会において、高村外務大臣は質問に答える方で、不審船の意図や目的について断定するには至っていないとしながらも、

「アンテナなどかなりの装備を持っているので、情報収集なのか、さらにそれを超えて何か工作活動をしようとしていたのかもしれない」

と答え、不審船の活動目的について情報収集や日本沿岸で工作員を乗下船させるために領海に侵入した可能性があることを示唆した。

また、海上警備行動の発令を受けて同日午後、急遽開かれた衆議院安全保障委員協議会で、野呂田防衛庁長官は、航空自衛隊のＥ―２Ｃ早期警戒機が探知した高速小型の航空目標について、ＭＩＧ‐21戦闘機だったことを明らかにした。

防衛庁の柳沢運用局長は、「ＭＩＧ‐21戦闘機は古い航空機で（配備しているのは）北朝鮮だけだ。北朝鮮にはＭＩＧ‐21戦闘機が相当数ある」と補足した。

2　終焉へ

▼二四日午後一時過ぎ　永田町　自民党本部

午後一時過ぎ、自民党本部で国防・外交関係合同部会が開かれ、野呂田防衛庁長官は不審船の追跡を防空識別圏までとした理由を、

「ＭＩＧ‐21戦闘機をある国が飛ばしてきた。これ以上深く入ると、あるいは戦争が起こるのではないかとの事情があった」

と説明し、今回の海上警備行動の発令について、「断固たる決意を内外に示したことは、大きな抑止力になると確信する」と述べた。

▼二四日午後三時過ぎ　能登半島沖の日本海

二隻の不審船が日本の防空識別圏の外に逃走し、護衛艦による追跡が終了された後も、Ｐ‐３Ｃ哨戒機は、防空識別圏の内側からレーダによる不審船の追尾を継続していた。

二隻の不審船は、お互いに付かず離れずの態勢で北上を続け、沿海州沖のロシア領海に近づいたところで針路を西にとった。

防空識別圏内にとどまるＰ‐３Ｃ哨戒機と不審船との距離が離れるに従って、Ｐ‐３Ｃ哨戒機は高度を上昇させレーダ覆域を広げることにより追尾を継続していたが、不審船が北朝鮮の沿岸に近づくとレーダ性能の限界に達しつつあった。

午前九時二四分、一隻の不審船がレーダ覆域の外へ出た。

午後三時二分、もう一隻の不審船もレーダ覆域から消えて行った。

Ｐ‐３Ｃ哨戒機のレーダによる最終確認位置は、いずれも北朝鮮の領海に近い位置であった。

▼二四日午後三時過ぎ　檜町（六本木）防衛庁

防衛庁は、防空識別圏の内側からのＰ‐３Ｃ哨戒機のレーダによる不審船の追尾が不可能となったことから、米国に偵察衛星による不審船の追尾を要請した。

防衛庁は、北朝鮮領海内における艦船の動きも活発になってきたとの情報も入り、これ以上の追尾は北朝鮮を刺激し、事態の拡大を招く恐れがあると判断され、追尾を断念することとされた。

午後三時三〇分、野呂田防衛庁長官は、海上自衛隊に対し「海上警備行動の終結」を命じた。平成一一年三月二四日午後三時三〇分、一四時間四〇分にわたり日本海中部で繰り広げられた、戦後日本初の海上警備行動の幕が下ろされた。

▼二四日午後三時三〇分　永田町　首相官邸

海上警備行動の終結と同時に、首相官邸別館の危機管理センターに設置されていた官邸対策室は解散された。

夕刻の記者会見で、野中官房長官は海上警備行動を終結した理由について、「不審船二隻はＰ－３Ｃ哨戒機のレーダが探知できないほど遠くに移動しており、我が国の周辺海域でも特異な事象がみられなかった」と説明した。

▼二五日未明　霞ヶ関　外務省

在北京の日本大使館は、二四日夜から二五日未明にかけて在北京の北朝鮮大使館に、「日本領海内において国内法違反の行為を行った船舶が、北朝鮮の水域に入る場合には、当該船舶を拿捕して、乗組員とともに日本に引渡すこと」との申入れを行った。

また、ニューヨークの国連代表部を通じ、北朝鮮側に同様の申入れを行った。

しかし、北朝鮮側からの回答は得られていなかった。

外務省は、種々の情報を総合的に分析した結果、二隻の不審船は二五日早朝までに北朝鮮北部の港湾に到達するものと考え、二六日にあらためて北朝鮮側に申入れを行うこととした。

▼二五日午前七時　朝鮮民主主義人民共和国　清津港

P-3C哨戒機のレーダ覆域外に逃走した二隻の不審船は、米軍の偵察衛星と無線通信の傍受によって引続き動静を把握されていた。

二隻の不審船は、日本の防空識別圏を超えた後、ロシアの沿海州へ向かったがロシア領海の手前で西に針路を取り、二四日夜に朝鮮半島北東部沖の北朝鮮領海に入って羅先《ラジン》特別市の羅津港の沖に停泊した。

二五日未明、二隻の不審船は羅津沖から航行を開始し、北朝鮮北東部の咸鏡北道《ハムギョンブクド》の清津《チョンジン》沖で停泊した後、午前七時過ぎに清津港に入港した。

清津港は、軍民共用の港湾施設であり、朝鮮労働党作戦部に所属する対日工作を専門とする工作員を配置した「清津海上連絡所」が設置されている対日工作船の出撃拠点といわれ、工作員たちは金正日政治軍事大学などで日本語教育と工作員教育を受け、平素から日本の漁民と同じ服装で勤務しているといわれる。

3　凪いだ海

▼二五日　能登半島沖の日本海、その後

不審船を追跡した護衛艦も、哨戒機も基地へ帰投した能登半島沖の日本海は、晴れわたり海面は穏やかに凪《な》いでいた。

二五日朝、舞鶴基地入港前の護衛艦「みょうこう」には、海上幕僚監部の広報担当者がＳＨ−60Ｊ哨戒ヘリコプターで飛来し、入港後の記者会見の打ち合わせが行われた。入港後の記者会見は、護衛艦「みょうこう」の士官室で行われ、記者たちから海上自衛隊の対応に関して批難するような発言や質問もなく、淡々と終了した。

八戸航空基地と厚木航空基地では、報道関係者からの取材については航空群司令部で一括して対応することとされており、本任務で飛行した搭乗員にも正門等で取材を受けた場合は「お答えする立場にありません。航空群司令部に聞いて下さい」と対応するよう厳命されていた。

しかし、知人の新聞記者からの電話を受けた第四航空隊の飛行隊幹部が、常識的な範囲内と考え話した内容が当日の朝刊の第一面に「飛行隊幹部の証言」としてあたかも事案に参加した機長の体験談のように掲載されたため、報道に衝撃を受けた海上幕僚監部から改めて個人的な報道対応を禁ずる厳命が事案参加部隊に徹底通知された。

能登半島沖の日本海で繰広げられた海上警備行動は、昭和二九年七月に自衛隊が創設されて

昭和49年11月28日、「第十雄洋丸」を砲撃する護衛艦「たかつき」と護衛艦「はるな」搭載HSS-2B哨戒ヘリコプター（海上自衛隊）

以来、訓練以外で自衛隊部隊が武器を使用した三回目の事案であった。

一回目の事案は、昭和四九年一一月に木更津沖を航行中のナフサ（粗製ガソリン）を満載した「第十雄洋丸」がリベリア船籍の貨物船と衝突し炎上して海上を漂流、航行船舶への危険と海洋汚染を防止するため、海上保安庁からの要請により、海上自衛隊の護衛艦、航空機、潜水艦が武器を使用して同船を海没処分した事案であった。

二回目の事案は、昭和六二年一二月に沖縄本島領空を侵犯したソ連軍ＴＵ-16偵察機に対し、航空自衛隊那覇基地を緊急発進した第三〇二飛行隊のＦ-４ＥＪ戦闘機が退去を求める無線警告を行ったが、これを無視して領空侵犯を継続したため、機関砲により警告射撃を二回行ったものであった。これは領域における治安維持のための警察権の行使であり、領土においては警察、領海においては海上保安庁が措置を行い、領空においては航空自衛隊が対領空侵犯措置として自衛隊法に基づいて行うこととなっている。対領空侵犯措置は、対処手順が明確に定められており、この事案においては数分間で措置が終わっている。

能登半島沖の不審船対処については、これら二つの事案とは異なり、あらかじめ予想できない不審船の行動により刻々と変化する情勢のなか、海上保安庁が所管する海上における領域警備を、自衛隊法で定められている「海上警備行動」の発令というかたちで、何時の時点でどのように海上自衛隊へ移管させるか、中央で対応した首相官邸や関係省庁の人々は苦悩しつつ、前例のない情勢のなかでの「決断」を迫られた。また、現場で対処する海上自衛隊の護衛艦や哨戒機の隊員たちは、警告を無視して逃走する不審船を停船させるため、護衛艦や哨戒機が装備する武器を不審船やその乗員に危害を与えることなく、如何に効果的に使用するか、不審船の装備するであろう武器から如何に隊員の安全を確保するか、というジレンマに苦悩しつつ、刻々と変化する情勢のなかで「決断」を迫られたのであった。

▼二五日午前九時過ぎ　永田町　首相官邸

午前九時過ぎ、首相官邸では、小渕総理大臣、野呂田防衛庁長官ら政府高官に対し、防衛庁からＡ４判サイズで右上に赤字で「極秘」と書かれた紙が一斉に配られた。

文面にはこう書かれていた。

「本朝六時頃、不審船二隻は清津付近に到達し、活動を終了した模様」

政府は、二隻の不審船が清津港に入港したことから、朝鮮労働党作戦部に所属する「清津連絡所」の工作船であったとの見方を強めた。

小渕総理大臣は、

「結果的には、二隻の不審船を停船させ、行っていたであろう違法行為を白日の下にさらすことはできなかった。しかし、今回の海上警備行動の発令は、国家の主権と安全を確保するという国家意志を明示するものとして重要なものであった」と、あらためて考えた。

前年の平成一〇年一〇月、東京で行われた小渕総理大臣と金大中《キム・デジュン》韓国大統領との日韓首脳会談における『日韓共同宣言』で、両首脳は「北朝鮮が改革と開放を指向するとともに、対話を通じたより建設的な姿勢をとることが極めて重要であるとの認識を共有した」とし、小渕総理大臣は「和解・協力を積極的に進めるとの金大中大統領の対北朝鮮政策に対し支持を表明した」として北朝鮮への対話を呼掛け、昨年一二月に米国で、平成一一年三月初めにはシンガポールで外務省幹部と北朝鮮当局者と非公式の接触を繰返しながら、水面下での対話再開に向けた動きを行っていただけに、政府は今回の事案発生には大きな衝撃を受けた。

野呂田防衛庁長官は、衆議院外務防衛委員会で、不審船の国籍について、

「結果的に北朝鮮に入港したのだから、北朝鮮の船だという認識はある」

と言明し、高村外務大臣は、

「北朝鮮が何らかの工作を意図していたのならば、我が国の安全にかかわる問題であり、日朝関係に水を差すと言わざるを得ない」

と懸念を表明し、北朝鮮政府に対して不審船を引き渡すよう文書などで申し入れていることを明らかにした。

▼二六日　米国ニューヨーク　北朝鮮国連代表部

沼田《ぬまた》貞昭《さだあき》外務報道官は、政府が北朝鮮国連代表部に不審船の拿捕と乗組員の引渡しを求める

洋上の日没、国旗降下を行う護衛艦乗組員（海上自衛隊）

文書を送った事に関し、北朝鮮国連代表部から電話で「（不審船事案に関し）北朝鮮はまったく関係なく、このような書簡を受け取る理由はない」と回答し、書簡を開封せずに送り返してきたことを記者会見で公表した。

▼二六日午後　船越（横須賀）　自衛艦隊司令部

能登半島沖の海上警備行動は、防衛庁長官から自衛艦隊司令官および各地方総監に対して発令された「海上における警備行動に関する海上自衛隊行動命令」（海甲行警命第一六号）に基づき、各地方総監は所要の部隊を派出（実際には舞鶴地方隊第三一護衛隊の護衛艦「あぶくま」一隻）して自衛艦隊司令官の指揮を受け、自衛艦隊司令官は第三護衛隊群司令を現場において派遣中の艦艇および航空機の指揮を執らせることとされた。

海上警備行動発令から終結までの間、自衛艦隊司令官は、防衛庁長官から示された「行動措置標準」に基づき、防衛庁や海上幕僚監部と緊密な連絡を取りつつ、現場で指揮を執る第三護衛隊群司令を指揮した。

二六日午後三時過ぎ、海上警備行動において現場における実動部隊を指揮した自衛艦隊司令官の山崎眞《やまさきまこと》（幹候一六期）海将は、

「海上警備行動の発動は、海上自衛隊にとっては、創設以来初めてのことであったが、各部隊は、日頃の訓練の成果を遺憾なく発揮し、現行法の範囲内で最善の処置をとった。悪天候の中、二二日早朝からの監視に引続き、二三日の不審船の発見、識別、追従《ついしょう》の段階における海上保安庁との連係、二四日の海上警備行動発動後における停船命令の実施と警告射撃、対潜爆弾の投下等、極めて迅速かつ適切な手続きを踏み、任務を完遂したことは見事であった。

諸君の活躍を、誇りに思うしだいである」

と一四時間四〇分にわたる海上自衛隊部隊の活動を振返り、最後に、

「各部隊においては、指揮官から隊員一人一人に至るまで、今回の任務の完遂を大きな誇りとして更に日々の訓練を重ねることを臨んでやまない。

全隊員の労を多とする。ご苦労さん」

と、隊員たちを慰労した。

第6章

残された課題

法制の不備是正急げ
警職法の制約はずす
ROEで文民統制確保
脅威へ備え 政治の責務
放置できぬ 防衛の空白
首相主導へ内閣法改正

総理大臣の施政方針演説が行われている衆議院本会議（第201国会）
（首相官邸）

不審船対処の協同訓練を行う海上自衛隊のミサイル艦「うみたか」、
SH-60K哨戒ヘリコプターと海上保安庁の巡視船「ほたか」
（海上自衛隊）

日時	場所	生起事象
平成11年3月24日	永田町	衆議院安全保障委員協議会
3月30日	檜町	海上幕僚監部での海上警備行動第1回事後研究会
4月5日	檜町	海上幕僚監部での海上警備行動第2回事後研究会
6月4日	永田町	政府関係閣僚会議での海上警備行動事後研究会
6月15日	黄海　北方限界線	北朝鮮艦艇が北方限界線を越境、韓国艦艇と交戦
平成12年2月1日	永田町	第１４７回国会　衆議院本会議
平成12年度予算		護衛艦への機関銃搭載等の不審船対策事業
平成13年10月10日	永田町	第１５３回国会　衆議院本会議
平成13年12月21日	九州の南西海域	海上保安庁巡視船が北朝鮮工作船を追尾、自沈

「現在の法律の趣旨を考えると、政府から現場まで『最善』を尽したと考えられるが、不審船を取り逃がした以上は『完璧』とはいえない」
佐久間《さくま》一《まこと》　第19代統合幕僚会議議長　海将（幹候8期）

1　議論は国会の場へ

▼三月二四日　永田町　第一四五回国会　衆議院安全保障委員協議会

海上警備行動が発令された翌日の三月二四日、急遽行われた衆議院安全保障委員協議会において「今回のような事例は海上保安庁の警察力で対応すべきだ」と主張した共産党と社民党の委員を除き、他の党の委員たちは問題意識を抱いていた。

自民党の安倍晋三《あべしんぞう》委員は「今回、正当防衛以外では警告射撃しかできないという法の不備を証明してしまった。この法の不備を知っていれば、（日本が）海上警備行動を発令しても逃げられることを証明した」、民主党の前原誠司《まえはらせいじ》委員は「自衛艦が行う警戒監視の法的根拠が防衛庁設置法（第六条第一一項）の『調査研究』では無理がある。自衛隊法に根拠を求めるべきだ」、公明党の冨沢篤紘《とみざわあつひろ》委員は「警告した後に（船体を）狙って撃ってこない、と相手もわかっている日本の警告射撃に効果はあるのか」、自由党の西村眞悟《にしむらしんご》委員は「日本人拉致に使われる船を確保できず、腹に据《す》えかねる」と発言した。

しかし、自民党では、外交・国防部会レベルでは自衛隊法改正などの意見が多いが、党全体としては小渕内閣を支える立場から政府の対応を真っ向から批難できない。民主党は、菅直人《かんなおと》代表は「法改正を含む議論はあっていい」とするものの、党の安全保障政策に関する公式な見解が示せないことから明確な姿勢を示すことができない。公明党は、冬柴鉄三《ふゆしばてつぞう》幹事長は「断固とした措置が抑止力として働くことを期待する」とするものの、支持母体の創価学会を同意させるには至っていなかった。

海上幕僚長、統合幕僚会議議長を歴任した佐久間一《さくままこと》元海将は、取材に応じ三月二五日の新聞紙面において、能登半島沖の海上警備行動に関する第一の課題として自衛隊の「警察権」の問題を挙げた。諸外国では、平時から軍隊が警察権を持っている。「もし、海上自衛隊にも平時から『警察権』が与えられていれば、不審船を発見した段階で対応できていただけに、違った結果になったかもしれない」と語った。

諸外国における軍隊の警察権については、

米国では、領海侵犯には基本的に運輸省に所属する沿岸警備隊（現在は二〇〇二年一一月に新設された国土安全保障省に移管）が対応するが、沿岸警備隊は国内法上で「軍隊の一部」に位置付けられ、必要に応じて密接な連携の下で海軍が対応に参加している。

英国では、国内法で海軍に「警察権」が与えられており、沿岸警備隊は不法侵入船の監視と通報に任務が限定され、領海警備は海軍の任務とされている。

韓国では、領海侵犯は海洋水産省に所属する海洋警察庁が対応するが、北朝鮮武装工作員の潜搬入目的とみられる不審船を領海内で発見した場合、陸海空軍を統括する合同参謀本部が陸海空軍と海洋警察の指揮を執って作戦を実施し、不審船の拿捕が不能と判断されれば撃沈する。韓国では、国家保安法により北朝鮮を「反国家団体」とみなしているため、北朝鮮艦船の撃沈は国際法上の交戦行為に当らないとしている。

ロシアでは、領海侵犯の取締りは連邦国境庁に所属する国境警備隊（二〇〇三年三月に連邦保安庁に移管）が担当しており、警告から武器の使用までの決定権は現場指揮官の裁量に委ねられている。国境警備隊の使用する船艇は、大半がロシア海軍から転籍された艦艇であり、武器等の装備も海軍艦艇と同等で、乗組員も海軍の学校出身者が多い。

現行法制の下で自衛隊は、平時には自衛隊法第八四条に定められた対領空侵犯措置を除き、領域の警備や領土・領海への侵犯に対抗措置をとることができない。

自民党の国防関係議員たちには、我が国の領域の保全と侵略に対する未然防止のための「領域警備」の規定を自衛隊法に設けようとする考えがあり、検討中の自衛隊法改正「試案」では自衛隊法第八四条（領空侵犯に対する措置）の規定に領土、領海の警備行動の規定を追加し、武器使用については警察官職務執行法を準用するものとし、海上警備行動や治安出動が発令される前にテロ攻撃等に自衛隊が迅速に初動対処することを可能として現状の「法の隙間」を補うことを意図している。

自民党では、能登半島沖不審船事案発生前年の平成一〇年八月、北朝鮮による中距離弾道ミサイル「テポドン1号」の発射実験などを受け、平成一一年一月に党内に額賀福志郎《ぬかがふくしろう》前防衛庁長官を座長とする「危機管理プロジェクトチーム」を設置して議論を重ねていた。中谷元《なかたにげん》前自民党国防部会長たちは、「自衛隊の任務として領域警備の法制化」を主張した。

しかし、チーム内での議論は、「警察や海上保安庁の警察力を強化した従来の対処」、「現行法の枠内で自衛隊と警察・海上保安庁との連係の強化」を加えた三類型に分かれて進められ、結局は折衷的な「警察や海上保安庁の警察力を強化した従来の対処」の方向に流れていった。

能登半島沖不審船事案が起こる直前の三月三日、衆議院安全保障委員会において民主党の前原誠司委員は、橋本内閣以来行ってきた緊急事態対応策の検討について「（検討の結果は）法律の改正を伴うものなのかどうなのか、運用の改善で済むものなのかどうなのか」と自衛隊の活動に領域警備を加えることの要否に関して質問した。野呂田防衛庁長官は「現在のところ、法律の改正までは考えていないというのが現状であります」と答弁していた。

▼三月二五日　永田町　第一四五回国会　参議院外交防衛委員会

三月に五日に開かれた参議院外交防衛委員会において自民党の依田智治《よだともはる》委員は、「潜水艦の場合には閣議を経ずして総理が許可してよいという閣議決定が事前になされている。現行法令を迅速に対処していくためには、不審船の場合にも自衛隊が直ちに行動できるような総理承認手続などをあらかじめ承認しておくというようなことが大変重要ではないかと、この事案で改めて感じた」と述べた。

ここで述べられた潜水艦に対する迅速な対応とは、平成八年九月に韓国の江原道《カンウォンド》の江陵《カンヌン》で発生した北朝鮮潜水艦の座礁と武装工作員の上陸による韓国軍との交戦を受け、同年一二月に安全保障会議を経て閣議で決定された「我が国の領海および内水で潜没航行する外国潜水艦への対処について」（平成八年一二月二四日閣議決定）に基づくものであり、海上保安庁の巡視船艇や航空機は、潜没潜水艦を捜索・追尾するための装備を有していないため、領海および内水内あるいは侵入するおそれのある潜没航行をする潜水艦を発見時は、閣議を経ることなく、内閣総理大臣の判断により海上自衛隊の部隊が迅速に対処し得る途が開かれていた。

以後、国会では、衆参両院の委員会において与野党から、能登半島沖不審船事案の教訓を踏まえた意見が続出した。

自衛隊への領域警備の任務付与に関して、

自民党の赤城《あかぎ》徳彦《のりひこ》委員「工作船かもしれない場合には、海上保安庁の要請を待たずに初めから自衛隊が対応できるような領域警備という概念で新たな制度を設け、自衛隊に権限を付与すべきではないか」、自由党の西村眞悟委員「領域警備が全うされなければ国民の安全、国家の安全は守れない。この領域警備という重大な任務が法的欠陥によって全うし得ない」（三月二十六日衆議院「日米防衛協力のための指針に関する特別委員会」）

自民党の衛藤《えとう》晟一《せいいち》委員「防衛庁の規定の中に領海の警備について明確に書き込まなければいけないと思っている」（三月三十日衆議院「運輸委員会」）

自民党の米田《よねだ》建三《けんぞう》委員「平時からの領域警備の任務と権限を自衛隊に付与すべきだと考える。」

自衛隊の権限拡大を避けるため、昨今、海保の機能強化優先論が政府部内にあるという報道もあり、もしそうであるならば見当違いだと思う」

社民党の伊藤茂《いとうしげる》委員「今の段階ですぐ自衛隊法を改正して云々というより、海上保安庁の能力を向上させ、海上自衛隊と海上保安庁などの連携が当面まず必要である」（三月三一日衆議院「日米防衛協力のための指針に関する特別委員会」）

自民党の安倍晋三委員「自衛隊に領域警備の任務を与える、さらには武器使用の点についても、もう一度法令の改正等も含めて考え直していかなければいけない」

公明党の冨沢篤紘委員「領域警備が現在の体制、法体系では十分機能していないことが明白になった」（四月一日衆議院「日米防衛協力のための指針に関する特別委員会」）

自由党の西村眞悟委員「他国においては、軍隊の日常の平常業務としての領海警備行動は当然としてそれを行使しており、その法的根拠は国内法ではなく、国際法において軍隊の領域警備は当然の業務であるという前提に立っている」（四月十三日衆議院「日米防衛協力のための指針に関する特別委員会」）

社民党の田英夫《でんひでお》委員「報道によると、防衛庁の中で領域警備法をつくれという意見があるということが紹介をされており、我々は懸念している」（四月十四日参議院「外交防衛委員会」）

公明党の益田洋介《ますだようすけ》委員「防衛上の大変根本的な問題である領域警備というものについての不備というものを可及的速やかに是正をする必要がある」（五月十一日参議院「日米防衛協力のための指針に関する特別委員会」）と述べた。

また、自衛隊の行う警戒監視の法的根拠に関して、

民主党の前原誠司委員「（現在、法的根拠としている防衛庁設置法第六条第一一項の）『所掌事務

の遂行に必要な調査及び研究」ということが警戒監視とはなかなか読み取れない。自衛隊法にきっちりとした自衛隊の常日ごろ警戒監視活動というものを明記して活動を行うというのが私は筋だと思う」（四月一日衆議院「日米防衛協力のための指針に関する特別委員会」）と述べている。

これらの意見に対し、政府として野中官房長官は「検討を要すると考えている項目は、第一に関係省庁間の情報連絡や協力のあり方、第二に海上保安庁の対応能力の整備の問題、第三に海上警備行動の迅速かつ適切な命令の伝達、第四に実際の対応に関する運用上の問題点、第五に適切な武器使用の在り方、第六に各国との連携のあり方、最後の第七に国民各位に対する広報等の在り方を問題点とし、問題点の整理に当たっている」と答え（四月五日参議院「沖縄および北方問題に関する特別委員会」）、現行の法的枠組みの中での対策を模索していることを明言した。

小渕総理大臣は「法制化を図ることは高度の政治判断にかかわる問題であり、今直ちに法制化することを考えているわけではない。国会における御審議、国民の世論の動向を踏まえて適切に対処していくというのが現時点における公式の政府の見解である」（五月一一日参議院「日米防衛協力のための指針に関する特別委員会」）と法制化に対する慎重な姿勢を答弁している。

2　解決された課題と残された課題

▼三月三〇日・四月五日　檜町（六本木）海上幕僚監部

このような国会での論争とは別に、海上幕僚監部では三月三〇日と四月五日、二回に分けて海上警備行動に関する事後研究会が行われ、参加部隊の意見も採り入れながら、今後の海上自衛隊の装備や運用に関する検討が淡々と行われた。

海上幕僚監部からは防衛部長ほか、関係部課長、自衛艦隊司令部からは作戦主任幕僚ほか関係幕僚、航空集団司令部からは作戦主任幕僚ほか関係幕僚、第二、第四、第三一航空群の出撃機長、第二一航空群の護衛艦「はるな」搭載機の派遣隊長ほか、当該航空群の関係幕僚、護衛艦隊からは作戦主任幕僚ほか、第三護衛隊群司令ほか関係幕僚、護衛艦「はるな」艦長、護衛艦「みょうこう」艦長、両艦の関係幹部、舞鶴地方総監部からは防衛部長ほか関係幕僚、海上自衛隊監部学校からは国際法を担当する第三研究室長ほか、関係幹部等が参加した。

三月三〇日の第一回事後研究会では、自衛艦隊司令部から海上警備行動の経過概要と部隊配備状況、第三護衛隊群司令部からは護衛艦による警告射撃等の実施状況、第二航空群司令部からは哨戒機による警告爆撃等の実施状況、舞鶴地方総監部からは海上保安庁および航空自衛隊との連係状況等の説明があった。

四月五日の第二回事後研究会では、海上幕僚監部から「自衛隊行動命令」と「行動措置標準」、護衛艦隊司令部から艦艇による警告射撃要領、第二航空群司令部から目標初探知時の状況についての説明の後、整備すべき装備や海上保安庁等との連係要領等に関する討論に入った。

今回の事案を踏まえて今後整備すべき装備として、工作員等が乗船している可能性がある船舶への立入検査等の特別任務を専門的とする任務部隊の編成、高速で逃避する工作船に対処するための機銃等の警告用武器を装備した専用の高速艇の開発、工作船上空に近接して情報を艦艇に伝達する無人航空機の開発等が討議された。

▼五月三日　読売新聞「本社緊急提言」

読売新聞社は、五月三日の朝刊に「本社緊急提言」として自衛隊に領域警備の任務を新たに与えることなどを柱とした「領域警備強化のための緊急提言」をまとめ、五月三日の紙面で公表した。同提言では、「自衛隊への領域警備任務の付与、領域警備における自衛隊の武器使用は国際法規・慣例を準拠、自衛隊による警戒監視に法的根拠を与え任務として付与、領域警備事態を機動的に指揮できる総理大臣の権限強化、領域警備強化に必要な自衛隊法や領海法などの改正」が掲げられた。

初代内閣安全保障室長を務めた佐々淳行《さっさあつゆき》氏は、三月二九日の新聞紙面で「自衛隊法第三条（自衛隊の任務）の後段部分に書かれた『必要に応じ公共の秩序の維持に当たる』では曖昧なので、陸海空の『領域警備』の任務を明記すべき」と主張していた。

また、森本敏《もりもとさとし》中央大学総合政策学部大学院客員教授は、四月二一日の衆議院「日米防衛協力のための指針に関する特別委員会公聴会」において公述人として「平時においては、緊急事態の法整備がなく空白であり、領域警備という国内法を整備する必要がある」と述べた。

▼六月四日　永田町　首相官邸

政府は、関係閣僚会議を開催し、能登半島沖不審船に関わる海上警備行動における教訓と反省事項の取りまとめを行った。

教訓と反省事項は、不審船への対応は「警察機関たる海上保安庁が第一に対処し、海上保安庁では対処することが不可能もしくは困難と認められる場合には海上警備行動により自衛隊が対処する」との現行法の枠組みの下で検討された。

検討の結果、

関係省庁間の情報連絡や協力の在り方については、「不審船を視認した場合、海上保安庁および防衛庁は速やかに相互通報するとともに他の関係省庁に連絡し、内閣官房は情報の一元化を図りつつ、首相官邸への報告および関係省庁への伝達を迅速に実施する」とされた。

海上保安庁および自衛隊の対応能力の整備については、「巡視船・艦艇および航空機の能力強化」のほか、海上保安庁においては「既存の小型巡視船の配備の見直し」、海上自衛隊においては「立入検査用装備の整備」、「海上保安庁と自衛隊間相互の情報通信体制の強化」などが挙げられた。

海上警備行動の迅速かつ適切な発令の在り方については、「状況により首相官邸に対策室を設置するとともに、必要に応じて関係閣僚会議を開催して海上警備行動発令を含めた対応について協議し、海上警備行動の発令が必要となった場合には安全保障会議および閣議を迅速に開催する」とされた。

適切な武器使用の在り方については、「不審船への対応については警察機関としての活動であることから警察官職務執行法の準用による武器の使用を基本とする」とされ、「ただし、不審船を停船させ、立入検査を行うという目的を達成するという観点から、対応能力の整備や運用要領の充実に加え、危害射撃の在り方を中心に法的な整理と検討を行う」とされた。

各国との連係の在り方については、「平素から関係国との連絡体制を整備するとともに、関係国へ適時適切に情報の提供し、必要な協力を要請する」とされた。

広報等の在り方については、「国民の理解を得るため、迅速かつ十分な対外公表を実施する」とされた。

現場における実際の対応に当っての問題点としては「不審船に対しては、漁業法や関税法等で対応することとし、具体的な運用要領の充実と所要の法整備に必要性の有無については更に検討する」、停船手段、停船後の措置については「運用研究を行ってマニュアルを作成する」、「海上保安庁と自衛隊の間の共同対処マニュアルを整備する」、「海上保安庁と自衛隊における所要の要員を養成し、訓練を実施する」とされた。

護衛艦「はるな」艦上で吉川第3護衛隊群司令から不審船事案の説明を受ける野呂田防衛庁長官（平成11年度版防衛白書）

▼六月一五日午前七時五五分　北朝鮮黄海道・韓国京畿道沖の黄海

北朝鮮の黄海道と韓国の京畿道《キョンギド》西方の黄海上には、「北方限界線」と呼ばれる境界線が設定されており、この境界線を挟んで北朝鮮海軍と韓国海軍の艦艇が対峙している。

「北方限界線（ＮＬＬ：Northern Limit Line）」とは、朝鮮戦争の休戦協定において陸上の軍事境界線は定められたものの、海上の境界線については話し合われなかったため、休戦協定発効約一ヶ月後の昭和二八年八月、連合軍は陸上の軍事境界線を黄海と日本海の海上に延長した軍事境界線を設定し、南北間の停戦状態を維持するため国連軍や韓国軍の艦艇および航空機の活動を行う上での北限とし「北方限界線」と呼称していた。

昭和四八年一〇月から一一月にかけ、北朝鮮警備艇が「北方限界線」を四三回侵犯して南侵する事案があり、同年一二月に開催された軍事停戦委員会において北朝鮮は、韓国領である白翎島《ペンニョンド》・大青島《テチョンド》・小青島《ソチョンド》・延坪島《ヨンピョンド》・隅島《ウド》の周辺海域は「北朝鮮統制海域内にあるので出入りの際には事前許可が必要である」と主張したものの、その後、北朝鮮は「北方限界線」に関して公式に異議を申立てることなく、平成三年一二月に南北両政府間で締結された「南北基本合意書」および平成四年九月に採択した「不可侵付属合意書」により、北方限界線を事実上の南北間海上不可侵境界線として認めていた。

平成一一年六月一一日の国連軍と北朝鮮軍による将軍級会談において国連軍側は、「北方限界線は四六年間、北朝鮮と韓国軍の間の軍事的緊張を防止する効果的な手段として寄与しており、軍事力を分離することに寄与してきた事実上の境界線として使われてきた」とし、「新たな海上不可侵境界線を設定する場合は南北間軍事共同委員会で協議

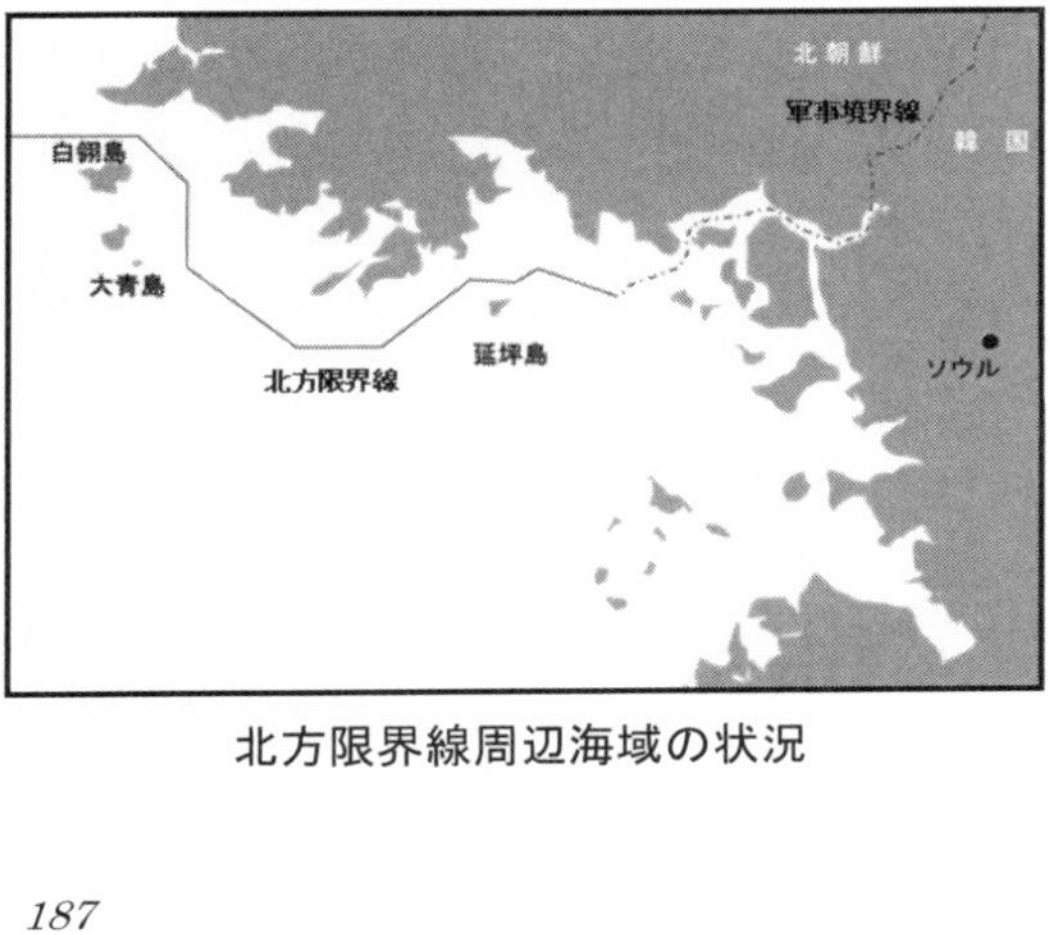

北方限界線周辺海域の状況

すべきであり、その時までは現在の北方限界線が遵守されなければならない」と主張していた。

六月一五日午前七時五五分、突如、北朝鮮警備艇や魚雷艇など七隻が北方限界線を越えて南側へ侵入、韓国海軍は高速艇と哨戒艦一〇隻を緊急出動させた。北朝鮮警備艇は、韓国艦艇に対して機関砲と小銃を発射、韓国艦艇は直ちに応戦して朝鮮戦争休戦後初めての海上における交戦となった。

この交戦において韓国海軍哨戒艦「大鷲《チャムスリ》325号」が北朝鮮警備艇の南侵を防ぐため体当りするなど激しい戦闘が行われ、北朝鮮側は魚雷艇一隻が沈没、警備艇二隻が大破、同二隻が中破、一三〇人以上の死傷者を出し、北方限界線の北側に撤退した。韓国側は哨戒艦と警備艇の各一隻が破損を受け、七人の負傷者を出した。（第一次延坪《ヨンピョン》海戦）

韓国海軍は、北朝鮮艦艇による北方限界線越境という「南北基本合意」違反に対し、警察権を行使した断固たる措置により越境を阻止した。

同年九月二日、北朝鮮は、黄海上の「北方限界線」を無効と宣言し、新たな海上軍事分界線の設定を宣言した。

事件発生翌日の一六日、日本の国会では、参議院の「行財政改革・税制等に関する特別委員会」の冒頭で高村正彦外務大臣から事件の概要の説明がなされ、政府としては「このような事態に立ち至ったことは非常に残念である、今後も事態の推移を注視してまいりたい」とし、北朝鮮の合意違反による越境に対して韓国がとった措置については「断固たる対応をとると同時に、話し合いによって物事を解決しようとしているということを日本側は評価し支持をしている」と評価したものの、他の委員会においても韓国海軍が行使した警察権や領域警備に関しての言及や議論はなされなかった。

▼平成一二年二月一日　永田町　第一四七回国会　衆議院本会議

一〇月五日、自民党、自由党に公明党を加えた連立政権が成立し、小渕総理大臣は内閣を改造して第二次小渕内閣が発足した。同内閣には、自民党以外からは自由党の二階俊博《にかいとしひろ》運輸大臣、公明党の續訓弘《つづきくにひろ》総務庁長官、民間人の堺屋太一《さかいやたいち》経済企画庁長官が入閣した。

翌平成一二年二月一日に開かれた衆議院本会議において、小渕総理大臣の施政方針演説ほか政府の四演説に関連して自由党の二見伸明《ふたみのぶあき》議員は、平成一一年一〇月の自民党・公明党・自由党の連立政権である第二次小渕内閣が発足した際の三党合意について「有事法制について三党は総理に対し、『立法化を前提としない研究』という縛りを解き、速やかに立法化を図るよう求めることで一致した」とし、「領域警備についても、第一義的には領海は海上保安庁、陸上は警察で対処するものの、手に余った場合には自衛隊が警察、海上保安庁と密接に連携して速やかに対処し得るよう、現行の法制度のもとでの対応を強化するとともに、所要の法整備を図るべきである、と合意されている」とし、「あとは総理の決断だけであります」と述べた。

これに対して小渕総理大臣は、「領域警備については、政府として三党合意を踏まえ、自衛隊と警察機関との連携要領の策定等、現行の法制度の下での対応強化を進めており、今後とも、自衛隊の対応のあり方や関係省庁間の連携について、法的な観点も含めさらなる検討を行い、万全を期したい」と答え、領域警備について「現行の法制度の下での対応強化」を優先する図る方針を明確に示した。

一方、自民党の危機管理プロジェクトチームでは、「現行の法制度の下での対応強化」するための具体的な措置を検討し、法改正や法制化を必要とする事項も含めた提言の策定作業が進められていた。

平成一三年六月一四日に開かれた衆議院安全保障委員会において中谷元防衛庁長官は、「領域警備の問題については、現在、与党内において精力的に議論を行っているところですが、防衛庁としましても、この法律の制定に向けて全力を挙げて取り組んでいきたいと思っている」と答弁した。

▼平成一二年度予算　護衛艦への機関銃搭載等の不審船対策事業

能登半島沖不審船事案は、結果的には二隻の不審船を停船させることはできなかったものの、事案で得られた教訓は、法制面での整備が遅々として進まないのに対し、海上保安庁や海上自衛隊の装備や運用面では数々の対策が施された。

海上自衛隊では、警告射撃を行うための装備として平成一二年度から護衛艦一隻あたり二基の一二・七㎜機関銃が装備され、立入検査隊のための防弾救命胴衣や携帯無線機などが護衛艦に搭載された。ＳＨ-60Ｊ哨戒ヘリコプターには七・六二㎜機関銃、静止画像伝送装置、探照灯や暗視装置付ヘルメットが装備され、後継機のＳＨ-60Ｋ哨戒ヘリコプターには赤外線探知

護衛艦に装備された機関銃による警告射撃訓練（海上自衛隊）

回転翼機に装備された機関銃による警告射撃訓練（海上自衛隊）

自機防御装置によるP-3C哨戒機の対空ミサイル回避訓練（海上自衛隊）

はやぶさ型ミサイル艇「しらたか」
（海上自衛隊）

装置や目標に反射したレーダ波のドップラー変化により目標を映像化する逆合成開口レーダが装備されることとなり、赤外線誘導やレーダ誘導の対空ミサイルから航空機を防護するための自機防御装置がＳＨ－60Ｊ・ＳＨ－60Ｋ哨戒ヘリコプターとＰ－３Ｃ哨戒機に搭載されるようになった。

最大速力四四ノット、七六㎜単装速射砲一基と九〇式艦対艦ミサイル連装発射筒二基を装備した排水量二〇〇トンのはやぶさ型高速ミサイル艇は、平成一二年一一月に一番艇と二番艇の建造が開始され、平成一五年度三月までに計六隻が就役し、当初は舞鶴地方隊の舞鶴警備隊に第二ミサイル艇隊、佐世保地方隊の佐世保警備隊に第三ミサイル艇隊が新編され、各三隻が配備され、日本海と九州西方での高速不審船対処の態勢が整備された。

立入検査で武装工作船の船内に入り、工作員の武装を解除し無力化するための専門の部隊として「特別警備隊」が平成一三年三月に自衛艦隊の直轄部隊として新編された。

海上保安庁では、不審船を捕捉するために十分な高速性能及び航続距離を有し、目標を自動的に追尾する機能を有した二〇㎜機関砲を装備し防御機能を強化した高速特殊警備船三隻、夜間監視能力強化型ヘリコプター二機を整備するとともに、既存の高速小型巡視船の配属替、武器と防御機能の強化が図られた。

さらに、省庁間の情報連絡や協力の強化、海上保安庁と自衛隊との間の相互情報通信体制や共同対処マニュアルの整備等が図られた。

▼平成一三年一〇月一〇日　永田町　第一五三回国会　衆議院本会議

平成一三年一〇月五日、海上保安庁が工作船などの不審船に対処するために必要な武器使用を可能とする「海上保安庁法の一部を改正する法律案（閣法第五号）」が、衆議院に提出された。一〇月一〇日の衆議院本会議において自民党の石破茂《いしばしげる》議員は、「領域警備的内容を盛り込んだ法案が、政府内の調整に時間を要し、今回提出するまでに二年半を要したことは、あってはならないことである。危機管理とは、ありとあらゆる事態を想定し、法的措置と具体的対応を整備しておくことであり、『想定外の事態であった』などと言うのは、責任ある政治のとるべき態度では決してありません」と、小泉総理大臣に法案の一刻も早い成立を促した。

「海上保安庁法の一部を改正する法律案（閣法第五号）」は、

能登半島沖不審船事案においては、海上保安官（海上警備行動では海上自衛官）が、単に逃走を続けるだけの不審船に対して武器を使用し船内の乗組員に危害を与えた場合、警察官職務執行法第七条に定められた要件（正当防衛、緊急避難、懲役・禁固三年以上に当たる凶悪な罪の既遂犯の抵抗・逃亡を防ぐための止むを得ぬ武器使用）を満たさず、武器を使用した海上保安官（海上警備行動では海上自衛官）が違法性を問われるため、有効な対処ができなかったことを是正するため、

同法第二〇条第二項において、海上保安庁長官が「公船ではない外国船舶による日本の領

海・内水内での無害通航でない航行」、「放置すれば繰り返し行われる蓋然性があること」、「重大犯罪（懲役・禁固三年以上）の準備が行われている疑いがあること」、「措置をとらなければ重大犯罪の発生を防止することができない」の四要件を満たすことを認める場合、巡視船艇が停船命令を無視して逃走あるいは抵抗する船舶に対して射撃し、当該船の乗組員に危害を加えても海上保安官の刑事責任は免責されることが明記されていた。

訓練でテロリストからの銃撃に反撃する海上保安官（海上保安庁）

同法案は、一〇月一〇日の衆議院「国際テロリズムの防止及び我が国の協力支援活動等に関する特別委員会」での検討を経て一八日に衆議院で可決、一九日に参議院「国土交通委員会」での検討を経て二九日に参議院で可決され、一一月二日に公布された。

同法案とともに自衛隊法の改正もなされ、同法第九三条（海上における警備行動時の権限）に第三項が、同法第九一条（治安出動時の権限）に第二項が追加され、海上警備行動あるいは治安出動を命ぜられた海上自衛官が海上保安庁法第二〇条第二項を準用できるようになった。

また、同法第九〇条（治安出動時の権限）に第三項が追加され、我が国の領土に侵入した武装工作員等に対処するため、治安出動を命ぜられた自衛官は、相手が小銃、機関銃などの武器を所持して暴行または脅迫を行う蓋然性があり、武器を使用するほか鎮圧、防止する適当な手段がない場合には、相手が武器を使用した侵害行為を行っていなくても、相手に危害を与える武器の使用が認められることとなり、洋上で治安出動に従事する海上自衛官にも適用されることとなった。

能登半島沖の海上警備行動直後に議論された「自衛隊に平時から警察権を付与した国際法上の自衛措置」や「自衛隊への領域警備の任務付与」といった抜本的な法整備ではないものの、関係省庁の官僚たちの努力と政治家たちの理解により、効果的な領域警備への法整備に一歩ではあるが踏み出したといえよう。

3　再び現れた北朝鮮工作船

▼一二月二一日午後四時三二分　奄美大島沖の東シナ海

能登半島沖の不審船二隻に対して海上自衛隊に発令された海上警備行動が終結してから、二年九ヶ月が経った平成一三年一二月二一日。

午後四時三二分、鹿屋航空基地を離陸して監視飛行を実施中の第一航空群所属P－3C哨戒機が、奄美大島の北北西約一五〇kmの東シナ海で、船首に「長漁三七〇五」と書かれた不審な船を発見した。

午後六時三〇分過ぎ、同機は鹿屋航空基地に着陸、撮影された画像を解析した結果、北朝鮮工作船の可能性が高いと判断され、この情報は翌二二日午前一時に防衛庁長官へ報告され、午前一時一〇分に防衛庁から首相秘書官、官房長官秘書官、海上保安庁へ通報された。

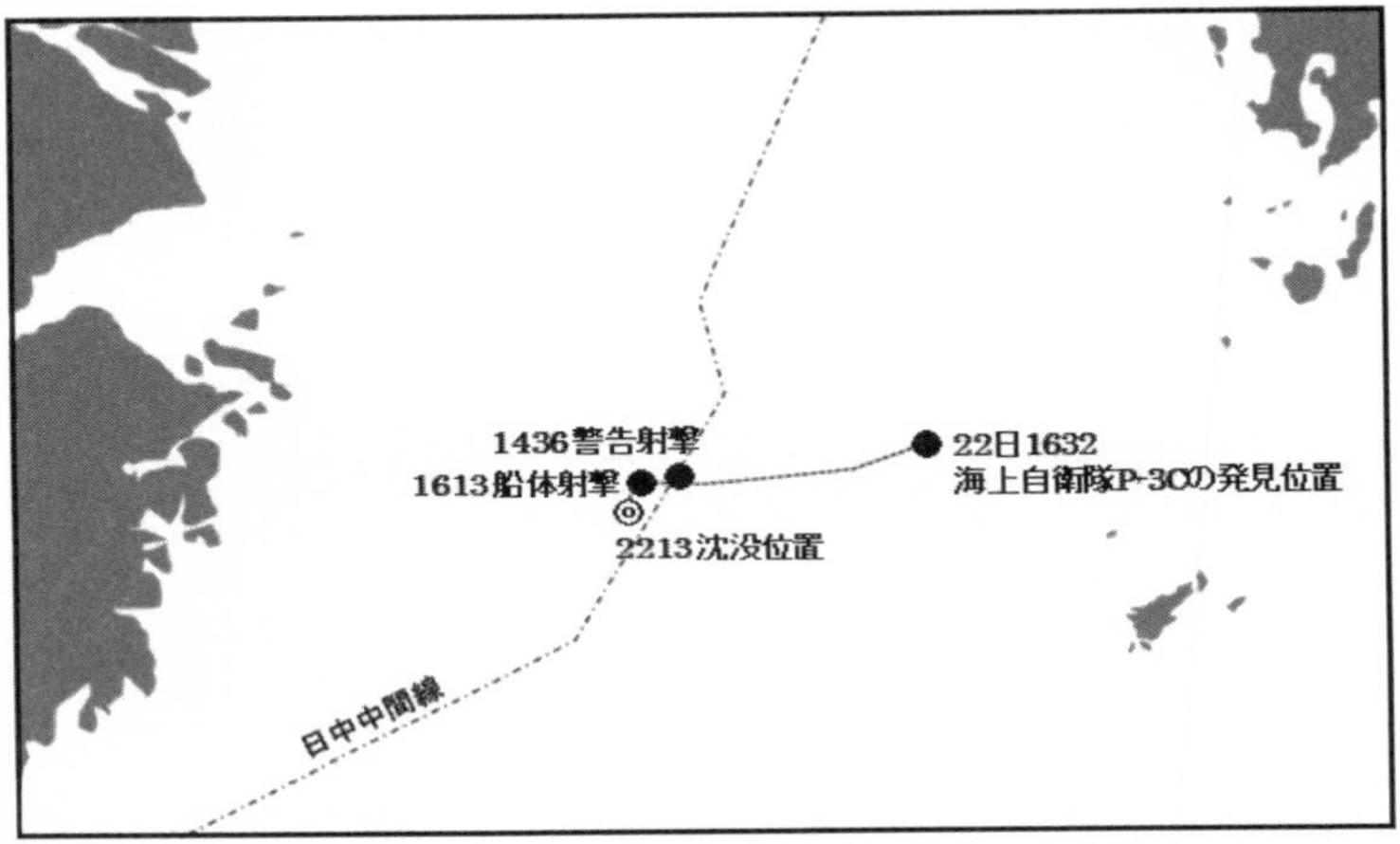

九州南西海域における北朝鮮工作船に対する対処状況
（「海上保安レポート2003」を元に筆者作成）

通報を受けた海上保安庁は、第一〇管区海上保安本部（鹿児島市）と第一一管区海上保安本部（那覇市）から巡視船艇と航空機を現場に向かわせ、第七管区海上保安本部（福岡市）と第八管区海上保安本部（舞鶴市）に警戒態勢をとらせ、翌二二日午前二時〇五分に海上保安庁本庁に警備救難部長を室長とする「九州南西海域不審船対策室」を設置した。

二二日午前六時二〇分、海上保安庁航空機が、奄美大島北北西約二四〇㎞の洋上で「長漁三七〇五」を発見、追跡を開始した。午後〇時四八分、巡視船「いなさ」が現場に到着し、午後一時一二分から、巡視船「いなさ」と航空機により、停船命令を繰返したが同船は応じず、蛇行運動を行いながら逃走を継続した。

午後二時二二分、巡視船「いなさ」が同船に対して射撃警告を実施したが応じないため、午後二時三六分から二〇㎜機関砲による海面に向けた警告射撃を実施した。同船は、乗組員が中国国旗らしき旗を振りながら、逃走を継続した。

午後四時一三分、巡視船「いなさ」が二〇㎜機関砲により、同船の船体に対する警告射撃を開始した。午後四時五八分、巡視船「みずき」も二〇㎜機関砲による船体に向けた警告射撃を開始した。

午後五時二四分、同船の船体から出火したが午後五時五一分には火災は鎮火した模様で逃走を再開し、以後、停船と逃走再開を繰返しながら西方へ向かった。

午後一〇時、巡視船「あまみ」と巡視船「きりしま」が、同船を挟み込んで接舷を開始、午後一〇時〇九分に同船の乗員は自動小銃を巡視船へ向けて乱射、巡視船「あまみ」、巡視船「きりしま」、巡視船「いなさ」が被弾、海上保安官三名が負傷した。さらに同船はロケットランチャーにより巡視船へ攻

巡視船「いなさ」（海上保安庁）
みはし型巡視船の3番艦として平成2年1月に就役。全長：43m、排水量：182トン、兵装：20㎜多銃身機銃×1基、乗員：15名

撃を加えたため、巡視船「あまみ」が、次いで巡視船「いなさ」が正当防衛のための射撃を実施した。

午後一〇時一三分、巡視船からの反撃により、同船は自爆して沈没した。

翌二三日午前八時五五分、捜索救助を実施中の巡視船が、現場で同船乗組員の遺体三体を発見した。

翌平成一四年二月、海上保安庁は、工作船沈没海域で巡視船と測量船で海底調査を行い、水深九〇ｍの海底で「長漁三七〇五」と船首に書かれた沈没船を発見、有人潜水艇等による船体外観調査を経て、九月一一日に同船の引揚げ作業を完了した。

引揚げ後、同船の船内から八名の遺体、自動小銃四丁、軽機関銃二丁、ロケットランチャー二丁、無反動砲一丁、携行型対空ミサイル二丁、対空連装機関砲一基が発見された。


二年九ヶ月前、海上警備行動の発令により、能登半島沖の日本海で二隻の不審船を追跡した海上自衛官たち、特に立入検査隊要員として指定された護衛艦乗組員たち、警告爆撃のため低空で不審船に近接したＰ-３Ｃ哨戒機の搭乗員たちは、当時も工作船らしい不審船には専門的な訓練を受けた武装工作員が乗組み、対空武器等で武装しているであろうと思っていたものの、実際に引揚げられた工作船の船内から陸揚げされた各種武器、特に対空機関砲や携行型対空ミサイルの写真を見て愕然とした。

「もしも、あの時、不審船が高速での逃走を止め、減速して対空連装機関砲を船内からレールが引かれた後甲板に引出し射撃されたら、

巡視船から船体へ向けた警告射撃を受ける不審船
（海上保安庁）

自爆した不審船内からの押収品
（上）5.45mm自動小銃
（下）対空連装機関砲
（海上保安庁）

あるいは武装工作員が甲板上から携行型対空ミサイルを発射したら、自機防御の力のないＰ－３Ｃ哨戒機は簡単に撃墜されたであろう」と、海上警備行動に参加したＰ－３Ｃ哨戒機の搭乗員たちは思った。

九州南西海域における今回の事案では、不審船の現認位置が日本の領海外であったため、事案発生の一九日前に公布された海上保安庁法第二〇条第二項の要件を満たせず、従来と同じ警告射撃を行って相手船の乗組員に死傷者が出た場合、海上保安官の違法性が問われる恐れがあった。

政府や関係省庁における不審船対処や領域警備に対する検討の結果、海上自衛隊と海上保安庁は、必要な装備や組織の整備、運用面で必要となる協定の締結と協同訓練の実施等、多くの課題が解決されてきた。

一方、法制面における検討は、関係省庁の官僚たちの努力と政治家たちの理解により、徐々に進められているものの、「平時から自衛隊への警察権付与」や「自衛隊への領域警備の任務付与」といった抜本的な法制面での解決には至らず、大きな課題として残されている。

エピローグ

現存する脅威

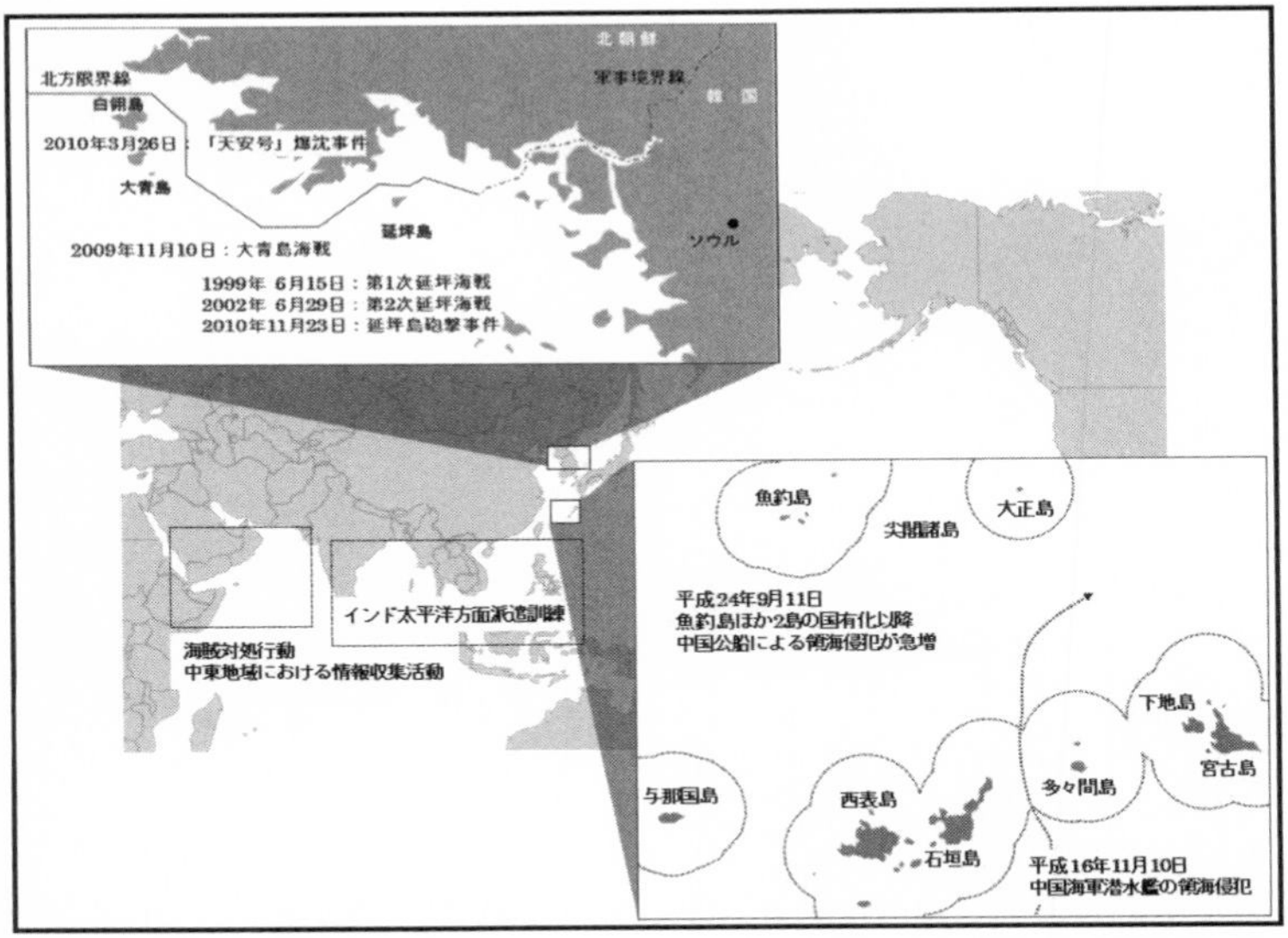

北朝鮮
北方限界線
軍事境界線
韓国
白翎島
2010年3月26日：「天安号」爆沈事件
大青島
延坪島
ソウル
2009年11月10日：大青島海戦
1999年 6月15日：第1次延坪海戦
2002年 6月29日：第2次延坪海戦
2010年11月23日：延坪島砲撃事件
インド太平洋方面派遣訓練
海賊対処行動
中東地域における情報収集活動
魚釣島
大正島
尖閣諸島
平成24年9月11日
魚釣島ほか2島の国有化以降
中国公船による領海侵犯が急増
下地島
宮古島
多々間島
与那国島
西表島
石垣島
平成16年11月10日
中国海軍潜水艦の領海侵犯

日時	場所	生起事象
平成14年6月29日	黄海　北方限界線	北朝鮮艦艇が北方限界線を越境、韓国艦艇と交戦
平成15年6月6日	永田町	第154回国会　参議院本会議
平成16年11月10日	石垣島周辺の領海	領海内潜没航行する中国潜水艦に海上警備行動発令
平成21年4月5日	咸鏡北道舞水端里	大陸間弾道ミサイル1発を太平洋へ発射
11月10日	黄海　北方限界線	北朝鮮艦艇が北方限界線を越境、韓国艦艇と交戦
平成22年3月26日	黄海　北方限界線	韓国コルベット艦が北朝鮮潜水艦により撃沈
11月23日	黄海　延坪島	対岸の北朝鮮軍が韓国の延坪島を砲撃
6月15日	口永良部島の領海	中国政府が軍艦の領海通航を「通過通航権」と主張
平成27年9月19日	永田町	第189回国会　参議院本会議
平成29年11月28日	北海道　松前小島	北朝鮮漁船の漂着・上陸
令和3年1月22日	北京　人民大会堂	第13期全国人民代表大会常務委員会第25回会議

「防衛省・自衛隊は、いつ如何なるときも、国の防衛の最前線で真摯に任務に励み、国民の命と平和な暮らし、わが国の領土・領海・領空を守り抜くとの責務を果敢に全うするとともに、地域と国際社会の平和と安定、そして繁栄を確固たるものとすべく全力をあげてまいります」

岸《きし》　信夫《のぶお》　防衛大臣「令和3年版防衛白書の刊行に寄せて」

1　緊張の海

▼平成一四年六月二九日午前九時五二分　北朝鮮黄海道・韓国京畿道沖の北方限界線

六月二十九日午前九時五二分、黄海沿岸の南浦《ナンポ》に司令部を置く北朝鮮海軍西海艦隊所属の警備艇一隻が黄海の「北方限界線」を越えて南侵、数分後には同艦隊所属の警備艇一隻も越境して南侵した。韓国海軍は、黄海沿岸の京畿道《キョンギド》・平沢《ピョンテク》に司令部を置く第二艦隊から大鷲《チャムスリ》型哨戒艇二隻を現場に急行させた。

二隻の韓国海軍哨戒艇が接近すると、北朝鮮海軍警備艇が発砲、砲弾が韓国海軍哨戒艇「大鷲三五七号」の操舵室に直撃、火災が発生して同艇は戦闘能力を失った。韓国海軍は、近接海域を行動中の哨戒艇二隻を現場に増派し、計三隻の哨戒艇で応戦、北朝鮮海軍警備艇一隻に砲弾が命中し火災が発生したが、残りの警備艇とともに発砲を継続しつつ、北方限界線の北側に逃走した。

韓国海軍は、追撃を「北方限界線」で中止し、大破した「大鷲三五七号」を曳航し帰投を試みたものの、同艇は曳航中に沈没した。

この交戦で韓国海軍は、哨戒艇一隻を失い、戦死者五人（一人は同艇の引揚げ時に遺体で発見）、負傷者一九人を出しうち一人が病院収容後に死亡した。韓国合同参謀本部軍事情報部は、北朝鮮海軍の被害は戦死者一三人、負傷者二五人と発表した。（第二次延坪《ヨンピョン》沖海戦）

国連軍司令部は、この事件を北朝鮮による休戦協定違反として板門店《パンムンジョム》の共同警備区域（JSA）での将軍級会議開催を提案したが、北朝鮮側はこの提案を拒否した。

事件三日後の七月二日、日本の国会では、参議院外交防衛委員会において民主党の広中和歌子《ひろなかわかこ》委員が、黄海上の北方限界線での南北海軍艦艇による交戦事件について「今回の南北朝鮮の銃撃戦というのは我が国にとって決して対岸の火事ではないはずである。現に我が国でも昨年十二月に東シナ海で不審船事件が起き、相手の船は沈没したが、我が国の船も多く被弾をしている」と述べ、当時実施中の東シナ海で沈没した不審船の潜水調査で携帯型対空ミサイルや対空機関砲などが確認されていることに触れ、「強力なミサイルなどが搭載された不審船が日本海域に出没する事態をどう認識しているのか。そして、今後の警備、監視体制、これは海上保安庁だけで十分なのか」と質問した。

この質問に対して中谷元防衛庁長官は、内閣官房を中心に関係省庁で行っている不審船事案に関する検証作業の主な内容として「早い段階からの不審船情報の関係省庁間での共有、それにより政府の初動方針を確認する」とし、「不審船については海上保安庁が第一に対処するが、工作船の可能性の高い不審船については、不測の事態に備え自衛隊の艦艇も当初から派遣をする」という政府の方針を説明し、「政府としての武装不審船の対応要領を策定する」と答弁した。この答弁からわかるように、現行法制の範囲内ではあるが、不審船対処に関する法整備面での検討が政府の中で着実に進められていた。

▼平成一五年六月六日　永田町　第一五四回国会 参議院本会議

小泉純一郎《こいずみじゅんいちろう》政権は、北朝鮮による不審船の領海侵犯や核・弾道ミサイル開発疑惑、米国同時多発テロなどを背景に、安全保障会議設置法の改正法、自衛隊法の改正法とともに、いわゆる有事関連三法の一つとして有事における「国家として基本的な対処要領に係る法制」、「自衛隊が行動することに係る法制」、「米軍が行動することに係る法制」を柱とした武力攻撃事態法「武力攻撃事態等における我が国の平和と独立並びに国および国民の安全の確保に関する法律」を内閣から提出し、衆参両議院「武力攻撃事態への対処に関する特別委員会」で検討され、六月六日に成立した。同法は六月一三日に公布された。

国民保護法制の整備は行われず先送りされたが、武力攻撃が発生した事態または武力攻撃が発生する明白な危険が切迫していると認められるに至った事態を「武力攻撃事態」、武力攻撃事態には至っていないが事態が緊迫し武力攻撃が予測されるに至った事態を「武力攻撃予測事態」と定義して両事態を合せて「有事」とし、自衛隊創設以来の懸案であった有事法制の整備が実現した。

▼平成一六年一一月一〇日早朝　沖縄 石垣島周辺海域

平成一六年一一月一〇日早朝、国籍不明の潜水艦が先島群島周辺海域の我が国の領海に向け、潜没して南から北方向へ向け航行しているのをP-3C哨戒機が探知した。大野《おおの》功統《よしのり》防衛庁長官は、同日午前八時四五分、小泉総理大臣の承認を得て、自衛艦隊司令官に対して第二回目となる海上警備行動を下令した。

海上警備行動発令後、P-3C哨戒機に加え、護衛艦「くらま」と「ゆうだち」、両艦搭載のSH-60J哨戒ヘリコプターにより、一二日午後一時過ぎに同潜水艦が防空識別圏の外に出るまで継続して追尾を行った。

ソナーを吊下して潜没潜水艦を追尾する
SH-60J哨戒ヘリコプター（海上自衛隊）

同事案では、平成八年一二月に閣議決定された「我が国の領海および内水で潜没航行する外国潜水艦への対処について」で定められた基本方針と手順に基づいて、潜水艦を発見時、閣議を経ることなく、内閣総理大臣の判断により海上警備行動が発令されたものの、実際に潜水艦が領海内に侵入してから海上警備行動が発令されるまで約三時間の時間を要し、同潜水艦は日本の領海を約二時間侵犯し、海上警備行動が発令されたのは同潜水艦が領海外へ出た約一時間後であった。

このことから、あらかじめ基本方針と手順を定めて事案発生時には閣議決定を経ることなく、総理大臣の判断で海上警備行動を発令するといった対処でも、自衛隊の部隊による適時適切な領域警備を迅速に行えるとは限らないことが示された。

▼平成二一年三月二七日午前八時四五分　北朝鮮　咸鏡北道舞水端里

北朝鮮が、四月四日から八日の午前八時から午後四時の間に「人工衛星を運搬するロケット」の発射を予告した。北朝鮮は、北部日本海沿岸の咸鏡北道《ハムギョンプクド》の舞水端里《ムスダンリ》ミサイル発射施設で大陸間弾道ミサイル「テポドン2」の発射準備を進めていることから、三月二七日朝、麻生《あそう》太郎《たろう》総理大臣は安全保障会議を開催し、弾道ミサイルが日本の領土や領海に落下する場合に備え、浜田《はまだ》靖一《やすかず》防衛大臣は「弾道ミサイル等に対する破壊措置命令」を初めて発令した。

航空総隊司令官を指揮官とするBMD統合任務部隊[*1]が編成され、海上自衛隊のイージス護衛艦「ちょうかい」と「こんごう」の二隻が迎撃用の海上配備型迎撃ミサイル（SM3）を搭載して警戒・迎撃のため日本海に、イージス護衛艦「きりしま」が警戒のため太平洋に展開し、航空自衛隊の地対空誘導弾パトリオット3（PAC3）部隊が首都圏の市ヶ谷と朝霞駐屯地、習志野分屯地、弾道ミサイルの上空通過が予想される東北の秋田と岩手駐屯地に配備された。

「弾道ミサイル等に対する破壊措置命令」とは、平成一五年に弾道ミサイル防衛システム導入が決定されたことを受け、平成一七年七月に自衛隊法に第八二条第二項「弾道ミサイル等の破壊措置」（現在は第八二条第三項）を追加し、これに基づき弾道ミサイル等の落下により人命または財産に対して重大な被害が生じると認められる事態に対し、防衛庁長官（防衛大臣）が総理大臣の承認を得て発令する行動命令である。

内閣総理大臣の承認を受ける暇《いとま》がない緊急の場合には、あらかじめ作成された緊急対処要領に従って部隊に出動を命ずることもでき、その場合、内閣総理大臣はその結果を国会に報告することとなっている。

北朝鮮国営中央通信は、浜田防衛大臣が「弾道ミサイル等に対する破壊措置命令」を発令したことに対し、日本が「衛星」を迎撃した場合は「再侵略戦争の砲声とみなし、最も威力ある軍事的手段で、（日本の）あらゆる迎撃手段とその牙城を打ち砕くだろう」との声明を発表した。

四月五日午前一一時三〇分、咸鏡北道の舞水端里ミサイル発射場から、人工衛星打ち上げ用ロケット「銀河2号《ウナイホ》」と称する長距離弾道ミサイルが発射され、午前一一時三七分に東北地方上空を通過したものの、レーダ追尾状況から日本の領域への被害がないと判断されたため、自衛隊による迎撃は実施されなかった。

弾動ミサイルを迎撃する
（上）イージス護衛艦「みょうこう」（海上自衛隊）
（下）対空誘導弾パトリオット3（航空自衛隊）

翌五月二五日、北朝鮮は、咸鏡北道内陸部の豊渓里《プンゲリ》核実験場において第二回目の地下核実験を実施した。

以後、北朝鮮による核実験と弾道ミサイル発射が頻繁に行われ、令和三年八月時点で大陸間弾道ミサイルと見られる発射を計六回、「大陸間弾道ミサイル用水爆実験」と称する二回を含め地下核実験を計六回実施したことから核兵器の小型弾頭化と大陸間弾道ミサイルを実用化させた可能性があり、新たに潜水艦発射弾道ミサイルの試験発射を計五回、令和二年以降は「戦術誘導弾」や「超大型放射砲弾」と称する通常の弾道ミサイルより低い軌道を取って飛行最終段階には回避運動によりミサイル防衛システムによる迎撃を回避して目標に命中する新型戦術誘導弾の試験発射を行っており、北朝鮮の核と弾道ミサイルの脅威は現実化しつつある。

また、発射の兆候がつかみにくい車載移動式の発射も行われるようになったことから、平成二八年八月以降、「弾道ミサイル等に対する破壊措置命令」を三ヶ月毎に更新する常時発令体制へ移行した。

平成三〇年四月、北朝鮮の国営朝鮮中央通信は「核実験と大陸間弾道ミサイルの試験発射の中止」を表明、政府は六月下旬、同命令は維持するものの、海上自衛隊イージス護衛艦による二四時間態勢の警戒を解除、発射の兆候があれば即応できる態勢に切り替えた。

▼一一月一〇日午前一〇時三三分　北朝鮮黄海道・韓国京畿道沖《オンジン》の北方限界線

一一月一〇日午前一〇時三三分、韓国海軍の沿岸監視レーダが、北朝鮮甕津半島側から北方限界線に向かって南下する水上目標を大青島《テチョンド》北方に探知、韓国海軍第二艦隊司令部は直ちに哨戒艦四隻を現場海域へ急行させた。

南下する水上目標は北朝鮮警備艇であり、韓国海軍の警告放送を無視して北方限界線を越境、韓国領海に侵入した。韓国哨戒艦は四〇㎜機関砲による警告射撃を実施したところ、北朝鮮警備艇は韓国哨戒艦の船体に対して直接射撃を行ったため、韓国哨戒艦二隻が応戦射撃を行い、二分間の交戦結果、北朝鮮警備艇は砲弾が命中し船体が大きく損傷して多数の死傷者が発生、北方限界線の北朝鮮側に逃走した。(大青《デチョン》海戦)

▼平成二二年三月二六日午後九時四五分　北朝鮮黄海道・韓国京畿道沖の北方限界線

三月二六日、韓国海軍の哨戒艦「天安《チョナン》」(基準排水量‥九五〇トン)は、黄海上の北方限界線付近の白翎島《ペンニョンド》の西南方を航行中の午後九時四五分、突然、船体後部が爆発、船体は二つに切断され沈没した。この沈没により、同艦の乗組員一〇四人のうち四六人が行方不明となった。

同艦は、平成一一年六月の北朝鮮海軍警備艦の北方限界線越境にともなう交戦(第一次延坪島沖海戦)にも

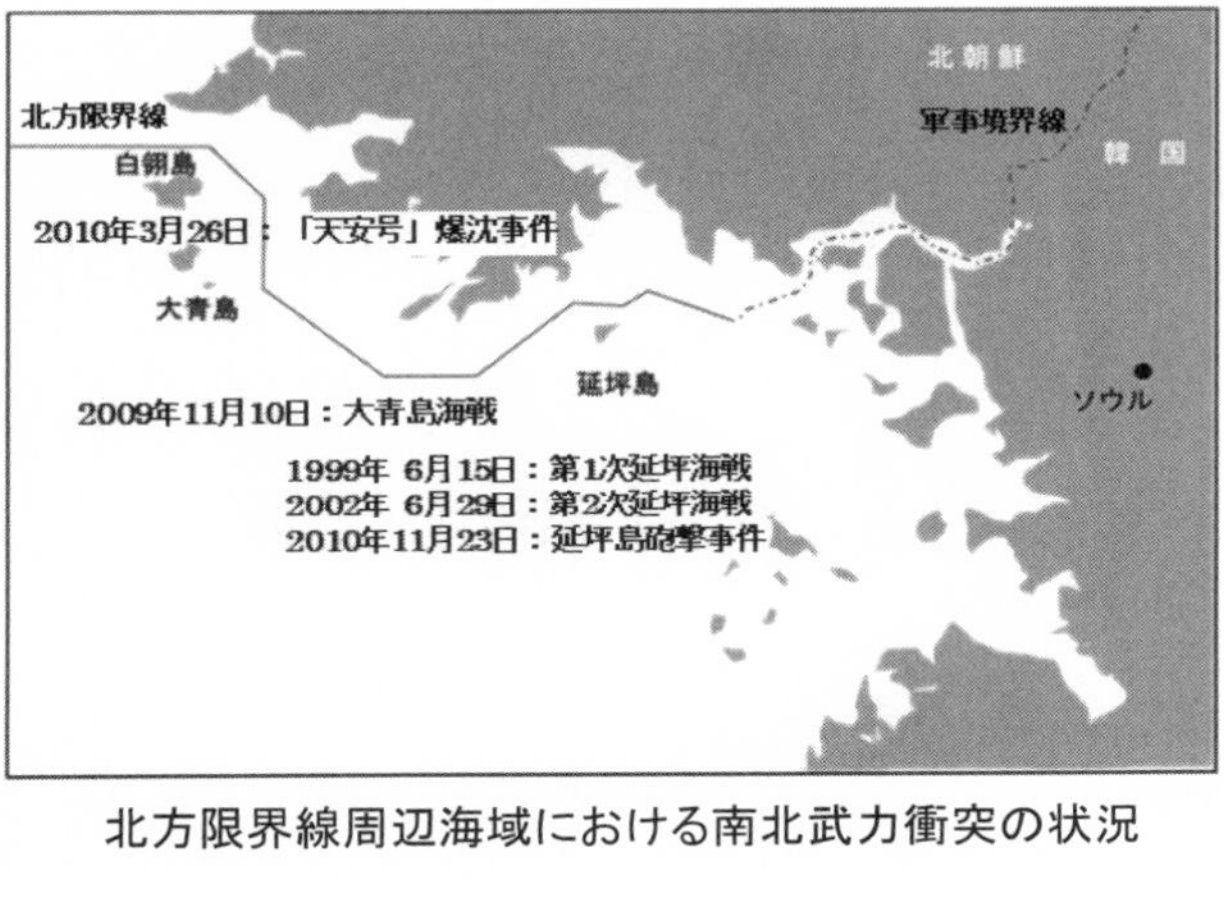

北方限界線周辺海域における南北武力衝突の状況

参加しており、当日も北方限界線付近の海域の哨戒に就いていた。

四月一五日、沈没した船体後部が引揚げられ、行方不明者のうち三六人の遺体が収容された。船体後部には外部からの爆発により衝撃を受けた痕跡が残っており、四月二四日には船体前部も引揚げられ、韓国は国外の専門家を交えた合同調査団による爆発原因に関する本格的な調査を開始した。

五月二〇日、合同調査団（韓国、米国、英国、オーストラリア、スウェーデン）は、沈没現場の周辺で北朝鮮製の特徴を示す大型魚雷の残骸が発見されたこと、同艦の沈没前後に北朝鮮潜水艦と同母艦の活動が確認されたことなどから、「哨戒艦『天安』は北朝鮮潜水艦による魚雷の攻撃を受けて沈没した」と断定する調査結果を発表した。

同日、李明博《イ・ミョンバク》大統領は、同事件を「大韓民国を攻撃した北朝鮮の軍事挑発」とした上で、北朝鮮船舶が韓国周辺の海域および海上交通路を利用することを禁止し、南北間交易を中止する措置を発表し、国連安全保障理事会へ提起して国際社会とともに北朝鮮の責任を追及するとした。

七月九日、国連安全保障理事会は、北朝鮮の攻撃を国際社会として批難し、朝鮮戦争休戦協定の完全な遵守を要請する議長声明を発出した。

▼一一月二三日午後二時三四分　北方限界線南方の韓国・延坪島

北朝鮮黄海南道《ファンヘナムド》西岸の黄海に面する甕津《オンジン》半島と、北方限界線を挟んで対峙する韓国海兵隊砲兵中隊が駐屯する延坪島《ヨンピョンド》で砲兵中隊が定期的な榴弾砲射撃訓練を行っていた午後二時三四分、北方限界線北側の北朝鮮甕津半島南端のケモ里《リ》と南西にある茂島《ムド》の海岸砲陣地から南方に向けて約一七〇発の砲弾が発射され、うち八〇発が延坪島に弾着し、韓国海兵隊の榴弾砲二門が破壊され、海兵隊員二人と民間人二人が死亡、海兵隊員一六人と民間人三人が重軽傷を負った。

延坪島の海兵隊砲兵中隊は、直ちに北朝鮮海岸砲陣地に対して五〇発の対抗射撃を行い、島民は防空壕に避難した。

韓国合同参謀本部は、直ちにF-15K戦闘機四機とKF-16戦闘機四機を緊急発進させ、上空警戒を実施するとともに、最高非常警戒態勢「珍島犬《チンドツケ》1号」を発令して軍、警察、予備軍の招集を開始した。韓国政府も、すべての公務員に対して「非常待機命令」を発令した。

南北砲兵による砲撃戦は、砲撃開始から約一時間後の午後三時四一分に終了した。

韓国大統領府は、午後六時六分、「我が軍は交戦守則に基づき即刻対応した。追加挑発時には断固対応する」とする声明を発表し、一一月二五日に予定されていた南北赤十字会談の無期限延期を発表した。

日本政府（菅直人政権）は、午後三時二〇分、首相官邸に情報連絡室を設置、仙谷由人《せんごくよしと》官房長官は午後八時四五分、「北朝鮮を強く非難する。韓国政府の立場を支持する。このような行為を直ちにやめるよう求める。関係国と緊密に連携して対応していく」という政府見解を発表した。

国会では、一一月二五日の衆議院予算委員会において公明党の竹内譲《たけうちゆずる》委員から、菅直人総理大臣に第一報が入ったのは一般報道より遅かったのは「我が国の安全保障にかかわる重大な事態であるにもかかわらず、総理よりも一般国民の方が早く情報を入手している、こういう状況というのは異常ではないか」と政府の危機管理態勢に対する批難、二六日の衆議院経済産業委員会において自民党の橘慶一郎《たちばなけいいちろう》委員から「断固たる態度を表明して、追加制裁も必要ではないか」という意見があったほか、二六日に衆参両院は「北朝鮮による韓国・大延坪島砲撃に関する決議」を裁決したものの、前年一一月から「北方限界線」付近で連続して発生した南北間の交戦事件に関連しての領域警備に関わる議論に発展することなく、「対岸の火事」として捉えられていた感がある。

2　軍事機能の認められない警察機関と警察権の認められない自衛隊

▼平成二七年九月一九日　永田町　第一八九回国会　参議院本会議

平成二七年九月一九日、安倍晋三政権で成立した平和安全法制の整備にともない、武力攻撃事態法に「我が国と密接な関係にある他国に対する武力攻撃が発生し、これによりわが国の存立が脅かされ、国民の生命、自由及び幸福追求の権利が根底から覆される明白な危険がある事態」が「存立危機事態」として追加され、これを前提条件として集団的自衛権の行使が可能となり、法律名称も「武力攻撃事態等および存立危機事態における我が国の平和と独立並びに国および国民の安全の確保に関する法律」に改称された。

しかし、海上保安庁法第二五条で軍事機能が認められていない海上保安庁が、領域に侵入した軍事機能を有する武装工作船等に対処することは困難であり、また、平時において警察権が付与されていない海上自衛隊がこれらに対処できる法的権限が欠けているという課題は残されたままである。

同年九月四日、民主党と維新の党は、「領域等の警備に関する法律案」を参議院に共同提出した。同法案は、「武力攻撃に至らない侵害（グレーゾーン事態）が発生した際、領海・離島の警備は警察機関による対処が原則とし、総理大臣は武装していることが疑われる者による不法行為が行われるなどの事態に対処する必要がある区域を『領域警備区域』と指定し、防衛大臣は同区域における人命若しくは財産の保護または治安の維持のため警備をあらかじめ強化しておく必要があると認めるとき、自衛隊の部隊に対し情報の収集、不法行為の発生の予防および不法行為への対処その他の必要な措置を講じる『領域警備行動』を命じることができる」といった骨子であり、自衛隊法に「海上警備準備行動」、「領域警備行動」、「警戒監視の措置」を追加したものであった。

民主党は同趣旨の法案を、前年一一月と同年七月に衆議院に提出しており、七月一〇日の衆議院「我が国および国際社会の平和安全法制に関する特別委員会」において自民党の小野寺《おのでら》五典《いつのり》委員から「厳しさを増す安全保障環境の中で、この法案だけで十分にわが国を守れると考えるのか」との厳しい質問と「これは昨年まとめた法案とほとんど一緒である」との批判を受け、中谷元防衛大臣からは「政府は、五月十四日、武力攻撃に至らない侵害に際して不法行為に対しても切れ目のない対応を確保するため、海上警備行動、治安出動等の発令に係る手続の迅速化のための閣議決定を行っており、必要な取り組みを一層強化して対応していく」と政府の方針を明言した。同法案は、現行の海上警備行動と治安出動と比較すると、自衛隊が領域警備を行うには総理大臣による「領域警備区域」の指定、次いで防衛大臣による「領域警備行動」の発令が必要となり、発令手順の煩雑化や自衛隊の行動区域が限定されること等、即応性と実効性に乏しいものであった。

同法案は、衆議院、参議院ともに「我が国および国際社会の平和安全法制に関する特別委員会」において審議未了となり、廃案となった。

▼平成二九年一一月二八日午後　北海道　松前小島

平成二九年一一月二八日午後、警戒飛行中の北海道警察ヘリコプターが、無人島の松前小島東部にある避難港付近で不審な七人の人影と木造漁船を発見し、海上保安庁第一管区海上保安本部に通報した。第一海上保安本部は、巡視船と航空機を派遣して同船の捜索を開始した。

翌二九日午前九時三〇分、海上保安庁の航空機は、松前小島周辺の海域で国籍不明の木造船が漂っているのを上空から確認、現場に向かった巡視船二隻も午前一一時に同木造船を視認した。同木造船は、全長約二〇mで形状が北朝鮮の漁船に似ており、船上には防寒着を着た乗員数名が確認され、巡視船から朝鮮語で呼びかけると、乗員は食糧を求めていた。海が荒れていたため、同木造船を安全な海域まで巡視船で誘導し、立入検査を実施した。

同船の乗員は一〇人で、氏名、生年月日、顔写真が載った朝鮮民主主義人民共和国と記載された「船員証」を保有しており、乗員は「九月に北朝鮮咸鏡北道《ハムギョンブクト》の清津《チョンジン》港を出港して日本海でイカ漁をしていたが、約一ヶ月前に舵が故障し、荒天のため、松前小島に避難した」と説明した。

同木造船が避難した松前小島東部の避難港には、地元漁業組合が設置した避難小屋があり、地元漁業組合員が避難小屋内を確認したところ、小屋内は荒らされ、保管されていたテレビや冷蔵庫、食器や洗剤などの日用品、ミニバイク、発電機までがなくなっていた。これらの家電製品などは同木造船の船内で発見された。同木造船は、巡視船に曳航されて函館港沖においてロープで巡視船に横付けされ、腹痛を訴えた乗員一人は函館市内の病院に搬送されて結核と判明して入院、他の乗員は窃盗容疑で北海道警察から事情聴取を受けた。

一二月八日午後三時二五分、事情聴取を終えた警察官が巡視船に引揚げると、突然、同木造船の乗員はエンジンを始動させ、横付けされていた巡視船との間のロープを切断して逃走を図ったが、海上保安官により阻止されて午後六時には再びロープで固縛されて巡視船に横付けされた。

翌九日午前七時四五分、同木造船は、巡視船に曳航され函館中央埠頭に接岸され、北海道警察の警官と第一管区海上保安本部の海上保安官が一斉に同木造船内に乗り込み、北海道警察は船長と二人の船員の計三人を窃盗容疑で逮捕した。二八日、函館地方検察庁は、船長を窃盗容疑で起訴し、他の乗員は不起訴処分とした。船長以外の乗員の身柄は、札幌入国管理局へ移された。

平成三〇年二月九日午前一〇時二五分、札幌入国管理局は、船長と結核で入院中の乗員を除く八人を新千歳空港へ移送し、民航機で中国の北京経由、北朝鮮へ強制送還した。

三月九日、函館地方裁判所の初公判において船長は、「乗員の意欲を上げるため、物品を船

件　数	平成27年	平成28年	平成29年	平成30年	平成31年 令和元年
漂流・漂着船	45件	66件	104件	225件	158件
遺体	27体	11体	35体	14体	7体
生存者	1人	0人	42人	0人	6人

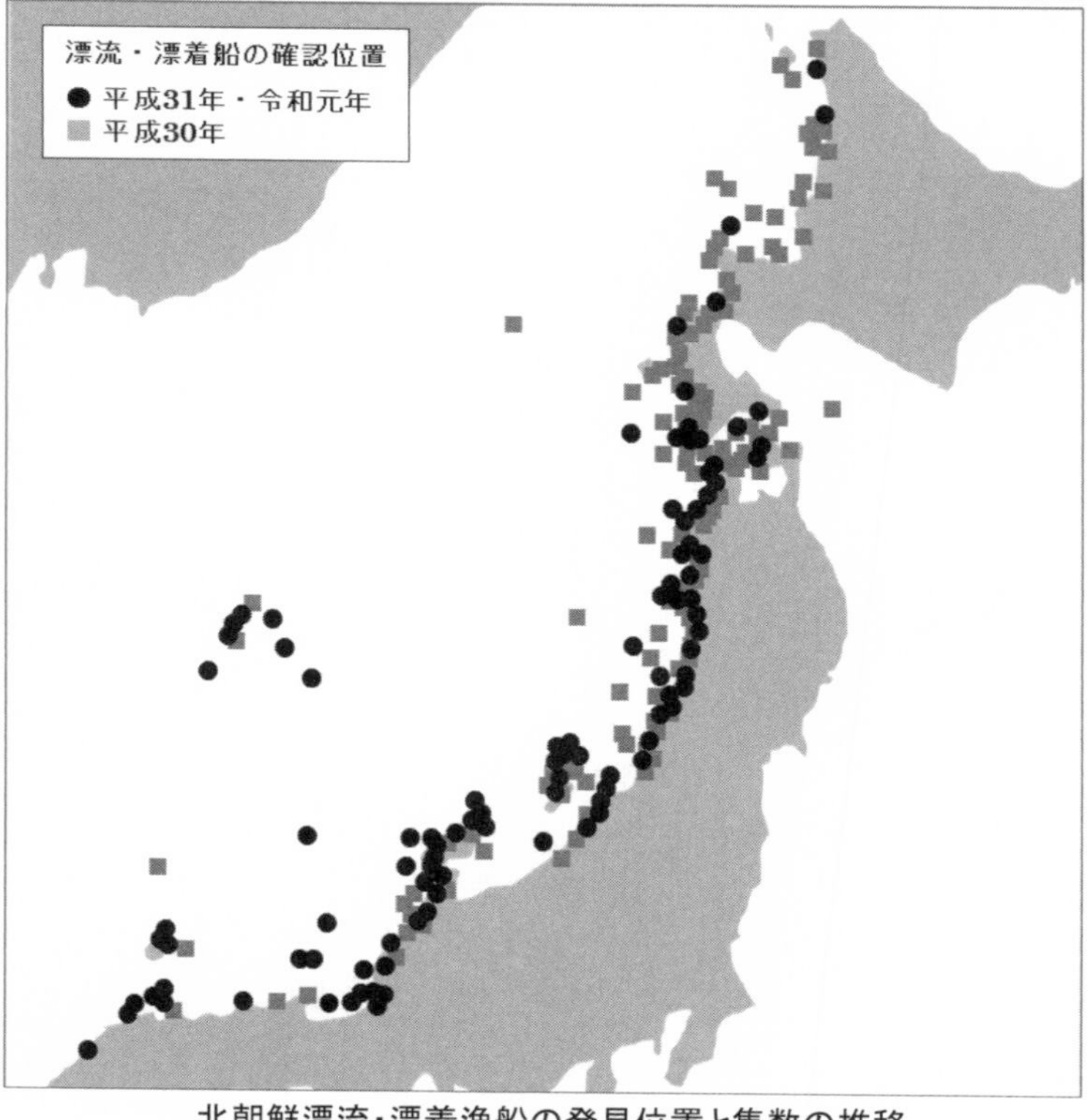

北朝鮮漂流・漂着漁船の発見位置と隻数の推移
（海上保安庁「海上保安レポート2020」）

に運ぶよう命じた。帰国すれば押収されるが、残った物があれば乗員に分けようと思った」と発電機やテレビなど計三九点（計約五六四万円）の窃盗動機を陳述、一二七日の判決公判で懲役二年六ヶ月執行猶予四年の判決が下され、船長は控訴せずに判決が確定した。船長の身柄は、札幌入国管理局へ移され、四月二六日午前、船長と入院していた乗員の二人は羽田空港から中国・北京経由で北朝鮮に強制送還された。

この事件は、単なる外国人による窃盗事件ではなく、北朝鮮の漁船が警察機関である海上保安庁と警察の警戒の目をくぐり抜けて領海内に侵入し、領土に上陸していたことに大きな問題があった。

平成二八年一月に北朝鮮が行った第四回目の核実験を受け、国連安全保障理事会は同年三月に制裁強化を決議して北朝鮮に対する制裁が強まったことにより、北朝鮮は外貨を獲得するために北朝鮮東部沿岸海域の漁業権を中国に約七六億五〇〇〇万円で売却、このため、北朝鮮の漁民は沿岸での漁業ができなくなって日本海中部まで出漁せざるを得なくなり、収穫した海産物を海上取引により中国に密輸して外貨を稼ぐとともに、慢性的な食糧不足を補うため、小型木造船で荒れる日本海への出漁するようになった。

海流の影響を受けてプランクトンが豊富に生息するため、スルメイカなどが集まる漁業の宝庫となっている日本海中部の「大和堆《やまとたい》」は、日本の排他的経済水域（ＥＥＺ：Exclusive Economic Zone）内に位置し、日本と漁業協定を締結していない北朝鮮の漁船が同海域で操業することは違法行為となることから、日本政府は全国イカ釣り漁業協会からの要請を受け、平成二九年度から海上保安庁による取締りを行っており、イカ漁が始まる平成二九年七月以降、延べ一九二三隻の北朝鮮違法漁船に対して退去警告を行い、警告に従わない漁船三一四隻に巡視船艇からの放水を行って日本の排他的経済水域の外へ退去させている。

日本海中部に出漁する北朝鮮漁船の増加にともない、これら航洋能力に欠ける沿岸漁業用小型木造漁船の日本海沿岸へ漂流・漂着が急増した。

国会では、平成二九年一二月五日の参議院内閣委員会において自民党の和田政宗《わだまさむね》委員から、同年一一月二八日の北朝鮮漁船員の松前小島上陸に関して「今回の事案で着目しなくてはならない大きな点は、我が国の監視網をくぐり抜けて漁船の乗組員に上陸をされてしまったところです。もしこれ、乗組員が武器などを携行していたら、大変なことになっていたかもしれません」と海上保安庁の警備体制に関する質問に対し、政府参考人として奥島高弘《おくしまたかひろ》海上保安庁警備救難部長は「昨年一二月の関係閣僚会議に基づく方針に基づきまして、三十年度の概算要求におきましては、ヘリ搭載型巡視船を含みます大型巡視船二隻新型ジェット機一機の増強等を盛り込んでいるところでございます。今後とも、領土、領海の堅守、国民の安全、安心の確保に万全を期すため、着実に体制整備を進めてまいりたいと、このように考えてございます」と海上保安庁の装備面での強化について答弁している。

平成三〇年二月一九日の衆議院予算委員会において希望の党の渡辺周《わたなべしゅう》委員から、「これは工作員では本当にない、しかし、純粋な漁師でもないのではないかというのが一般的な見立てですが、今、国家公安委員会、警察としてはどのようにこの事案について取り組んでいますでしようか」との質問に対し、小此木八郎《おこのぎはちろう》国家公安委員長は「警察においては、当該乗組員に対し、関係当局とともに予断を持たずに慎重に事情聴取を行い、乗組員の着衣や所持品等も供述と矛盾するものではなかったという報告を受けております」と答弁している。

平成三〇年一月二四日の衆議院本会議においては、自民党の二階俊博《にかいとしひろ》議員から「北朝鮮と見られる漁船が日本海側に大量に漂着している事実は、沿岸の住民にとっては大きな不安であり、この問題に政府は総合的に対応していく必要があります。今後、北朝鮮にどう対峙していくのか」との質問に対し、安倍晋三総理大臣は「違法操業を行う北朝鮮漁船の取締りを含め、我が国周辺海域の警戒警備にも万全を期してまいります」と答弁している。

これらの質疑では、対象とする海域が日本海沿岸の広大な海域であるにもかかわらず、領域警備は警察機関である海上保安庁と警察の任務であるという前程の下、その装備面や対処面での強化が議論され、自衛隊を含めた領域警備の法整備に関する議論には発展しなかった。

平成三〇年一月一六日の『日本経済新聞』では、「日本海沿岸に北朝鮮籍とみられる木造船の漂着が相次ぎ、離島の住民や無人島の管理者らが不安を募らせている」とし、「日本は大小合わせて約六九〇〇の島からなり、九割が無人島だ。住民らは周辺海域の警備強化を求めている」と主張している。

前述の松前小島沖を漂流した漁船には、軍籍を示す「朝鮮人民軍第８５４部隊」と書かれた板が掲げられていた。朝鮮人民軍は、欧米の軍隊とは異なり、「独立採算制」を採っており、朝鮮人民軍には農業や漁業に従事する部門がある。

違法操業する北朝鮮漁船に放水する巡視船（海上保安庁）

平成二九年一一月二四日の朝鮮労働党機関紙『労働新聞』では、慢性的な食糧不足の中で特に食糧確保が困難となる冬季の漁業を奨励して「冬季漁獲戦闘」と呼びかけ、朝鮮労働党の指示を受けた朝鮮人民軍は、ここ数年で多数の小型木造漁船を建造し、黄海沿岸と日本海沿岸の港に三〇〇〇隻程度の小型木造漁船を保有しているといわれる。

また、同年七月に「大和堆」付近で漁業監視にあたっていた水産庁の漁業取締船が、北朝鮮船籍とみられる小型漁船から約一〇分間にわたり追跡され、漁船乗員が小銃の銃口を向けられ威嚇した事例から、武器を携行した軍人が漁船に乗船していることがわかる。

このような朝鮮人民軍所属の小型木造漁船により、工作員が漂着漁民を装って日本への潜搬入を企図した場合の成功率は、平成二九年における漂着漁船は計一〇四隻、その中で生存者の数は計四二人であり、小型木造漁船の乗員数を一〇名と仮定すると日本に生存して上陸できた確率はわずか四%であり、平成三〇年における漂着漁船は計二二五隻、日本に上陸できた生存者はない。

北朝鮮工作員は、政治思想学習、語学教育、工作実務教育、日本人化教育など二年間以上の教育と訓練を受けて養成（六頁参照）されており、このような貴重な「戦力」である工作員を漂流・漂着といった潮流や風まかせの手段で日本に潜搬入させるとは考え難い。

一方で、平成二九年九月以降、「大和堆」付近の日本海中部において違法操業を行う北朝鮮の小型木造漁船に混じり、鋼製の全長約三〇m級漁業母船が確認されている。平成一二年一二月の奄美大島沖で発見された北朝鮮工作母船は、全長約三〇m級で船内に全長約一〇m級の工作員潜搬入用の小型船が搭載されていたことから、漁業母船に偽装した工作母船を漁船に混ざって「大和堆」付近に進出させ、漁場を離脱するような行動を装って巡視船の監視を掻い潜り、夜陰に乗じて沿岸に近接して小型船により工作員を潜搬入させることも否定できない。

韓国合同参謀本部が令和三年一〇月に議会に報告した資料によると、北朝鮮は日本海において対韓国潜搬入訓練を年間九〇日程度継続して行っており、文在寅《ムン・ジェイン》政権が成立した翌年の平成三〇年には一五〇回を超える訓練を行っている。

また、令和三年六月下旬、海上保安庁は日本海中部の大和堆において携帯型対空ミサイルを装備した北朝鮮当局の船を確認している。

北朝鮮の弾道ミサイルや核弾頭が運用段階に入ったとしても、サイバー戦により情報システムの機能停止や不正操作、情報の窃取などが可能となっても、工作船による麻薬密売による外貨や禁輸物資の獲得、潜搬入させた工作員による諜報活動、破壊工作、思想工作、特種技術者等の拉致などの工作船の活動は、北朝鮮の軍事戦略にとって重要な役割を維持しているのではあるまいか。

▼令和三年一月二二日　北京　人民大会堂

令和三年二月一日、同年一月二二日に北京の人民大会堂で開かれていた第一三期全国人民代

尖閣諸島領海に侵入する中国海警局公船と警戒に当る海上保安庁巡視船
（海上保安庁）

表大会常務委員会第二五回会議において「中華人民共和国海警法（中国海警法）」が成立し、二月一日に施行された。

　中国海警局は、平成二五年三月に国務院の下に置かれていた四つの海上法執行機関（公安部で沿岸警備や海上犯罪取り締まりを行っていた「海警」、農業部で漁業監視や漁業監督を行っていた「海政」、国土資源部で海洋権益の維持や海洋利用の法執行を行っていた「海監」、海関総署で出入国管理や密輸取り締まりを行っていた「海関」）を統合して設立された海上法執行機関であり、平成三〇年七月に中央軍事委員会の一元的な指揮を受ける武装警察の隷下に編入され、中国人民武装警察部隊海警部隊に改編された。改編後、海警局長をはじめとする主要配置は、人民解放軍海軍出身者の将官が補職され、装備面でも海軍を除籍した駆逐艦やフリゲート艦が引き渡され、二〇〇隻を超える船舶や航空機を保有している。

　「中国海警法」の施行により海警局は、中央軍事委員会の命令に基づき防衛作戦等の任務を遂行し、海上保安庁等の諸外国における海上法執行機関の権限にはない「外国軍艦や公船に対して違反行為が認められた場合の強制退去等の措置」が可能とされ、武器の使用を含む一切の必要な措置、海上臨時警戒区を設定し、船舶・人員の通行・停留の制限・禁止等の措置をとることが可能となった。

「国連海洋法条約」では、「公海（排他的経済水域を含む）上の軍艦は、旗国以外のいずれの国の管轄権からも完全に免除される」（同法第第九五条）とされ、「すべての船舶は、領海において無害通航権[*2]を有する」とされている一方、「軍艦が領海の通航に係る沿岸国の法令を遵守せず、かつ、その軍艦に対して行われた当該法令の遵守の要請を無視した場合には、当該沿岸国は、その軍艦に対し当該領海から直ちに退去することを要求することができる」（同法第三〇条）とされている。軍艦の領海内通航について日本や欧米諸国は事前通告や事前許可を求めていないが、韓国やエジプトなどは事前通告を求め、中国、ルーマニア、スーダン、オマーンなどは事前許可を求めており、国によってその主張は異なっている。

尖閣諸島を実効支配する日本にとっては、領域警備を行う海上保安庁巡視船が同諸島の領海内を航行することは当然のこととされる一方、尖閣諸島について領有権を主張する中国政府は、同諸島の領内を海上保安庁巡視船艇や海上自衛隊艦艇が航行するには事前通告と事前許可を要求している。「中国海警法」の施行により、中国海警局巡視船は、尖閣諸島の領域を警備する海上保安庁巡視船の行動を違法と認めた場合、強制退去等に関わる武器使用を含めた必要な措置をとれることとなる。

このような事態を受け、自民党では、国防部会などで領域警備を強める法整備を求める声が再燃するも、政府内においては「偶発的な衝突を招きかねない」とする慎重論が根強く、自民党内には「政府は、海上保安庁の能力で対応できない時は自衛隊を海上警備行動や治安出動で出すと言っているが、武器使用権限は（警察と）同じなので、恐らくほとんど対応できない」との声も強い。

一方、令和三年六月二日、日本維新の会と国民民主党は、「海上保安庁が一義的に対応する」との考えの下、「海上保安庁の任務に『領海警備』を加える」、「自衛隊は後方支援に位置付け、『警戒監視措置』を法律に明記する」、「隊員の生命や身体防護のためやむを得ない場合は武器使用を認める」を骨子とする「沖縄県・尖閣諸島周辺の領海警備を強化する法案」を衆議院に共同提出した。

翌三日、立憲民主党は、「領域等を警備する上で、日本の場合は海上保安庁に第一義的に責任がある」との考えの下、「政府が五年に一度定める『領域警備基本方針』に基づいて海上保安庁の人員や装備を計画的に強化する」、「国土交通大臣から海上保安庁の警備行動を補完するよう防衛大臣が要請を受けた場合、自衛隊の部隊が海上保安庁の警備行動を補完するための『海上警備準備行動』をとれるようにする」を骨子とする「領域等の警備及び海上保安体制の強化に関する法律案」を衆議院に提出した。

しかし、いずれの法案も、領域警備は警察機関である海上保安庁の任務とされ、海上自衛隊はそれを補完する位置付けに置かれ、法案に示された「警戒監視措置」や「海上警備準備行動」では、能登半島沖の海上警備行動時に議論された「平時からの自衛隊への警察権付与」とはほど遠い。現状および野党が提出した法案においても、海上自衛隊の哨戒機や護衛艦が不法行動を行う不審船を発見した場合、防衛省設置法第四条（所掌事務）第一八項に定められた「所掌事務の遂行に必要な調査及び研究」を根拠として不審船を監視・追尾することはできるが、法的権限として不審船に対して停船命令はもとより警告を実施することすらできない。国土交通大臣から、国家行政組織法第二条第二項に基づく「省庁間協力」の要請を防衛大臣が受入れても、海上自衛隊の艦艇、航空機は、「追跡権」を継続するための追尾は実施できるものの、不審船を停船させるための措置を行う法的権限はない。

米国では、「ＵＳＳ（United States Ship）」と表示された海軍艦艇と「ＵＳＣＧ（United States Coast Guard）」と表示された沿岸警備隊巡視船は、ともに国際法上の「軍艦」とされているが、領域警備における国内法執行の権限は米沿岸警備隊のみ認められている。

米海軍艦艇や航空機は、領海あるいは公海上で行われる海賊行為のような国際犯罪に遭遇した場合の拿捕と抑留の権限は認められており、当該船を回航、引致して法執行機関である沿岸警備隊に引き渡すこととされている。

一方、米海軍艦艇や航空機は、自国あるいは外国の商用船舶や航空機、財産や生命が不法な暴力行為を受ける場面に遭遇した場合、不法な暴力行為による被害から保護する権限を与えられているものの、その対応は政治的あるいは外交的な考慮を必要とすることから、統合参謀本部「平時交戦規則」によって権限を行使する上での詳細な指針が現場指揮官に示されており、現場指揮官の判断と国家意思決定者の判断に齟齬が発生しないよう図られている。

3　多様化する任務と広域化する活動海域

▼現　在　洋上を行動する海上自衛隊部隊

アフリカ大陸北東部のジブチ共和国、遠くのモスクの拡声器からコーランの声が風に乗って流れてくる。「日の丸」を付けたP‐3C哨戒機が灼熱のジブチ国際空港を離陸し、ソマリア沖アデン湾の警戒監視海域へと向かう。アデン湾では、日本関連船舶を含む船団を護衛艦が自衛艦旗を掲げて護衛し、その周辺をSK‐60K哨戒ヘリコプターが警戒する。

平成二一年三月、日本政府は、ソマリア沖アデン湾の海賊対策に自衛隊法第八二条の海上警備行動を発令し、第四護衛隊群の第八護衛隊所属の護衛艦「さみだれ」と「さざなみ」が呉基地を出港、同年五月には第四航空群第三航空隊のP‐3C哨戒機二機が厚木航空基地を離陸してジブチ共和国へ派遣された。同年六月、「海賊行為の処罰及び海賊行為への対処に関する法律」が成立し公布され、派遣の法的根拠が同法となり、令和三年七月時点まで派遣海賊対処行動水上部隊は第三九次隊、派遣海賊対処行動航空隊は第四四次隊が派遣されている。派遣海賊対処行動部隊には海上警備行動を命ぜられた部隊と同様に、同法により海上保安庁法の一部が準用され、犯罪を取り締るための警察権が付与されており、海賊行為の疑いがある不審船に対して警告や停船命令、立入検査を実施して海賊行為を予防あるいは阻止し、護衛艦に同乗する海上保安官が犯罪を捜査する警察権に基づき同船乗員を捜査して犯罪を立証して訴追することとなる。また、海賊船が停船命令に従わない場合や武器を使用した場合には、警察官職務執行法の一部が準用され、逃走の防止や抵抗の抑止のための武器使用、正当防衛[*3]や緊急避難[*4]のための武器使用が認められている。
同派遣部隊は閣議決定により令和元年一二月からは中東地域における平和と安定及び日本関係船舶の安全の確保のため我が国独自の取組としての情報収集活動を合せて実施している。

平成二八年八月、ケニアで開かれたアフリカ開発会議で安倍晋三総理大臣は、「自由で開かれたインド太平洋戦略」を発表、平成二九年度には二隻の護衛艦による約二ヶ月間の南シナ海・インド洋方面の長期行動を行い、平成三〇年度以降は毎年、護衛艦二隻から三隻による約二ヶ月間のインド太平洋方面派遣訓練を行い、インド洋や南シナ海の沿岸国への親善訪問や共同訓練を実施している。

令和三年五月、英海軍の最新空母「クイーン・エリザベス」が母港ポーツマスを出港、駆逐艦二隻、対潜フリゲート二隻、補給艦二隻、原子力潜水艦一隻から成る空母打撃群を編成し、オランダ海軍のフリゲート艦一隻と合同してインド太平洋へ向かい、数ヶ月にわたる長期の派遣期間を通じて「航行の自由」作戦を行うとともに、八月には沖縄南方から東シナ海に至る海域で、九月には東シナ海から関東南方に至る海域で日英米蘭共同訓練を実施した。

平成二九年九月、国連安全保障理事会は決議第二三七五号を採択し、国連加盟国は北朝鮮船舶または洋上における北朝鮮船舶への船舶間の物資の積替え(「瀬取り」)を行うことが禁止され、この安保理決議の実効性を確保するため、北朝鮮船舶の「瀬取り」を含む海上における違法行為に対して日本、米国、英国、オーストラリア、ニュージーランド、カナダ、フランスは、海軍艦艇を主として東シナ海を含む日本周辺海域に派遣し、哨戒機を在日米軍嘉手納基地に展開させ、安保理決議違反が疑われる北朝鮮船舶の情報収集・監視を実施している。

令和三年八月、ドイツ海軍のフリゲート艦がインド太平洋海域に向け母港を出港した。同艦は、九月にインド洋東方海域で日独共同訓練を実施し、南シナ海、東シナ海を航行して海上自衛隊、米海軍、オーストラリア海軍の艦艇と共同訓練を行った後、安保理決議違反が疑われる北朝鮮船舶の監視活動を行うことが予定されている。

活動地域の拡大、任務の多様化と長期化、諸国海軍との共同、現在の海上自衛隊に求められる役割は、二〇年以上前の能登半島沖不審船事案当時とは比べられないくらい複雑化している。

海上自衛隊の自衛艦は、諸外国海軍からみれば国際法上の「軍艦」である。

国連海洋法条約で規定された軍艦および軍用航空機が有する権限には、「海賊行為、奴隷取引、無国籍船舶などの疑いがある船舶に対する軍艦による臨検の実施（同条約第一一〇条）」、「海賊行為を理由とする船舶に対する軍艦および軍用航空機による拿捕（同条約第一〇七条）」、「領海または接続水域で自国の法令に違反した船舶に対する軍艦および軍用航空機による追跡権の行使（同条約第一一一条）」などがある。

例えば、他国海軍の艦艇や航空機と共に訓練や監視活動などを行っている海上自衛隊の艦艇や航空機が洋上で海賊行為を行う船舶を発見した場合、他国海軍は艦長の判断により、軍艦の有する権限としての警察権を行使して当該船に対して臨検を行い、海賊行為を立証されれば拿捕することができる。

しかし、日本周辺海域での警戒監視や訓練等を行う海上自衛隊の艦艇や航空機は、海上警備行動や海賊対処行動を命ぜられた部隊とは異なり、警察権を有さないため、海賊行為を行う船舶に対して警告や停船命令、立入検査を行う権限がなく、逃走の防止や抵抗の抑止のための武器使用も認められていないため、現場の状況を上級司令部へ報告し、上級司令部からの報告を受けた防衛大臣は状況を検討し、現場での対処が必要と判断した場合に総理大臣の承認を得て現場部隊指揮官に対して「海賊対処行動」あるいは「海上警備行動」の行動命令を発令することとなる。

低高度で監視飛行を行うP-3C哨戒機（海上自衛隊）

不審船など領域警備に関わる問題も同じであり、中央では国土交通大臣、防衛大臣や総理大臣は「どこまで海上保安庁（警察）で対処し、如何なる時点から自衛隊に行動命令を発令するか」という苦悩の「決断」を迫られ、現場に所在する平時に権限が付与されていない自衛隊の部隊指揮官は、目前で行われる不法行為に対して何らの対処行動をとることはできず、事態の緊迫化によっては苦悩して「不法行為を抑制し、中止させるための手段を自らがとるか否か」という独断専行の「決断」を迫られることとなる。

大容量高速通信技術の発展により、現場の部隊と作戦を指揮する自衛艦隊司令部あるいは行動命令の発令権者である防衛大臣、自衛隊の最高指揮官である総理大臣との間の映像情報を含む情報共有は著しく迅速化されたとはいえ、現場の情勢は刻々と変化していく。

活動地域の拡大、任務の多様化と長期化、諸国海軍との共同など、海上自衛隊に求められる役割の大きな変化は、現場で起こる事象への初動対応を行う護衛艦艦長や哨戒機機長、刻々と変化する情勢を連続的に判断して部隊に命令を下す自衛艦隊司令官、情勢の変化に対応して政治的かつ外交的な要素を考慮して判断を行う防衛大臣を含む関係閣僚、自衛隊の最高指揮官として国益に沿った最終判断を行う総理大臣、すべての配置における個々の責任の重さは、能登半島沖不審船事案当時と変わらず、むしろ重くなっているのではないであろうか。

二〇年以上前に日本が経験した「中央」と「現場」の苦悩は、未だ課題として残されている。

アデン湾で遭難漁船を救助する護衛艦「てるづき」乗船隊員(海上自衛隊)

註
＊1 BMD（Ballistic Missile Defense：弾道ミサイル防衛）
＊2 「無害通航権」とは、武力による威嚇や武力行使、兵器を用いた訓練、沿岸国の安全を害するような情報収集、宣伝、調査活動、測量、漁業、通信妨害など、国連海洋法条約第一九条第二項に示され

た行為をともなわず領海内の通航を行える権利、潜水艦については同法第二〇条により国旗を掲揚して浮上航行することにより領海内の通航を行える。
＊３「正当防衛」とは、急迫不正の侵害に対し、自分または他人の生命・権利を防衛するため、やむを得ずにした行為。
＊４「緊急避難」とは、急迫な危険・危難を避けるためにやむを得ず他者の権利を侵害したり危難を生じさせている物を破壊したりする行為。

あとがき

「課せられた責任は絶対にこれを遂行するという自覚が、我々を勇者にしてくれる。勇敢な行動をし得るのは、私はその人の責任感だと思っている」
板谷隆一《いたやたかいち》　第5代統合幕僚会議議長　海将（海兵60期）

能登半島沖の日本海で繰広げられた海上警備行動から二〇年以上の歳月が過ぎた。

当時、それぞれの立場で自己の「使命」を達成しようと苦悩し「決断」した指揮官たち、それを補佐した幕僚や職員たち、自らの危険をも顧みずに与えられた「任務」を黙々と完遂することに努めた護衛艦の乗組員や哨戒機の搭乗員たち……

彼らの何人かは既に物故し、多くの者が今はその職を退いている。

当時、首相官邸で海上警備行動を承認した小渕恵三総理大臣は、事件翌年の平成一二年四月二日に脳梗塞を発症して都内の病院に緊急入院し、昏睡状態のまま五月一四日午後に死去した。六二歳だった。

首相官邸で小渕総理大臣を補佐した野中広務官房長官は、平成一五年一〇月に政界を引退し、平成三〇年一月二六日午後に京都市内の病院で死去した。九二歳だった。

防衛庁で海上警備行動を発令した野呂田芳成防衛庁長官は、平成二一年七月に政界を引退した。

防衛庁で野呂田防衛庁長官を補佐した海上幕僚長の山本安正海将は、海上警備行動が終結した一週間後の三月三一日に海上自衛隊を勇退した。

能登半島沖の日本海で護衛艦三隻と哨戒機述べ七機の指揮を執った第三護衛隊群司令の吉川榮治海将補は、練習艦隊司令官を経て海将に昇任し、大湊地方総監、横須賀地方総監を歴任した後、第二八代海上幕僚長に就任、平成二〇年三月二四日に海上自衛隊を勇退した。

第六三護衛隊司令として護衛艦「みょうこう」に乗艦していた保井信治一等海佐は、護衛艦隊作戦主任幕僚を経て海将補に昇任し、練習艦隊司令官、海上自衛隊幹部候補生学校長を歴任した後、海将に昇任し護衛艦隊司令官に就任、平成一九年七月二日に海上自衛隊を勇退した。

日本海の洋上で護衛艦「はるな」の指揮を執った艦長の森井洋明一等海佐は、海上警備行動が終結した九ヶ月後、艦長を退任して誘導武器教育訓練隊の教育部長に転出した。現在は、既に海上自衛隊を定年退職している。

同じく日本海の洋上で護衛艦「みょうこう」の指揮を執った艦長の鈴木英隆一等海佐は、海上警備行動が終結した五ヶ月後、艦長を退任して技術研究本部の誘導武器担当技術開発官に転出した。現在は、既に故人となっている。

護衛艦「みょうこう」の船務長として艦長を補佐した由岐中一生二等海佐は、護衛艦「さわゆき」艦長の後、一等海佐に昇任して護衛艦「こんごう」艦長、護衛艦「あしがら」艤装員長、次いで初代艦長を務め、第一五護衛隊司令、誘導武器訓練隊司令を歴任した後、平成二七年四月一日に海上自衛隊を定年退職した。

館山航空基地から緊急搭載で三機のＳＨ‐60Ｊと搭乗員二一人を率いて護衛艦「はるな」に乗組んだ派遣隊長の横野正和二等海佐は、海上警備行動終結後の八月末に第一二一航空隊飛行隊長となり、護衛艦「はるな」飛行長兼ねて副長、航空集団司令部幕僚、徳島教育航空群司令部首席幕僚を経て一等海佐に昇任、第一〇一航空隊司令、大村航空隊司令、第七二航空隊司令を歴任した後、平成二二年一月一〇日に海上自衛隊を定年退職した。

「第二大和丸」に対して警告のために対潜爆弾を投下した坂田竜三二等海佐は、海上警備行動終結後の三月末に第二航空隊飛行隊長となり、一等海佐に昇任後は第一航空隊司令、海上幕僚監部防衛課長を経て海将補に昇任し、第一航空群司令、統合幕僚監部指揮通信システム部長、横須賀地方総監部幕僚長を歴任後、海将に昇任して教育航空集団司令官、大湊地方総監、統合幕僚学校長を歴任した後、平成二九年七月三一日に海上自衛隊を勇退した。

坂田二佐の警告爆撃を成功させるため、すべての機外灯火を点灯させたまま不審船の注意を自機に引付けた木村康張三佐は、その後、二等海佐に昇任し第五一航空隊、自衛艦隊司令部作戦幕僚部幕僚を経て第一航空隊副長となり第四四次米国派遣訓練航空部隊指揮官を務め、一等海佐に昇任して第四次派遣海賊対処行動航空隊司令、海上幕僚監部指揮通信体系班長、小月教育航空隊司令、第二航空隊司令を歴任、平成二七年三月八日に海上自衛隊を定年退職した。

戦後の日本が初めて経験した海上警備行動。
中央で、現場で、
それぞれの人々が、
それぞれに与えられた「使命」を達成するため、苦悩しながらも「決断」を下していった。

中央では、総理大臣の「国家の主権と安全を守る」という「目標」に基づき、防衛庁長官は「海上における治安を維持する」という「目的」と「二隻の不審船を停船させ、立入検査等の措置を講ずる」という「任務」を「使命」として海上自衛隊に与えた。
現場では、第三護衛隊群司令が「二隻の不審船を停船させ、立入検査等の措置を講ずる」という「目的」と「停船のための警告射撃の実施」という「任務」を「使命」として隷下の護衛艦艦長に与え、護衛艦艦長は「不審船を停船させる」という「目的」と「警告射撃の実施」という「任務」を「使命」とし、「不審船の船体や乗組員に危害を与えてはならない」という条件の下で、停船させるための効果的な警告射撃を「決断」し、実行した。
哨戒機機長もまた、「不審船を停船させる」という「目的」と「警告爆撃の実施」という「任務」を「使命」とし、「不審船の船体や乗組員に危害を与えてはならない」という条件の下で、停船させるための効果的な警告爆撃を「決断」し、実行した。

護衛艦の艦内では、訓練された武装工作員が待受ける船内に防弾チョッキもないまま突入することになり動揺したものの、船務長の一言により士気を回復させた立入検査隊要員に指定された海曹乗組員たち。

哨戒機の機内では、効果的な警告爆撃の実施と部下搭乗員の安全確保という相矛盾する問題に、「使命」を達成するため、機外灯火をすべて点灯したままにして不審船の注意を自機に引付けるという「決断」をした機長の言葉に、一瞬は沈黙したものの我に返って淡々とそれぞれの役割を果たした海曹搭乗員たち。


中央で、現場で、それぞれの人々が、それぞれに与えられた「使命」を達成するため、残された法的課題に苦悩しながらも「決断」を迫られることは、二〇年以上前となる能登半島沖不審船事案当時と変わっていない。


「指揮」とは、法令または上級指揮官から与えられた権限に基づき、与えられた「使命」を達成するため、部隊や部下を指揮官の意思に従わせることをいう。

「危急の際、部下は指揮官を観る」といわれる。その時、指揮官がうろたえたり、部下の気持ちを無視したり、私心を露わにした意思を示したりした場合、部下の自己の職責に対する意欲や使命感は一気に減退する。

「統率」とは、指揮官の能力、人格や教養によって部下を感化させ、部下の任務遂行に対する意欲を高揚させることによって、部隊や部下の有する能力を最高度に発揮させることをいう。

「指揮」と「統率」が表裏一体となることにより、指揮官を中心として部下の努力と意欲がひとつの方向へ向かい、部隊が「使命」の達成に邁進することができるのであろう。ここで重要なことは、指揮官と部下の間の「信頼」と、指揮官が下す「決断」であると思う。

最後に、筆者が海上自衛隊幹部学校の指揮幕僚課程学生の時、「統率論」の教務の冒頭で中村悌次元海将が述べられた言葉を引用して筆を置くこととする。

「統率とは、全人格の発露であり、その対象とするものは矛盾に満ちた人間である
戦闘とは、人間の持つ恐怖心や不安感を超えて
人間の持つ力を全能発揮して
はじめて勝利を収めることが可能となる
そのためには、平素からの経験によって学び
常に戦場における身の在り方を考える姿勢を持つことが大切である
指揮官は、如何に不安の中にあろうとも、困難な中から一つの決断を下さなければならない」

第一一代海上幕僚長　海将　中村 悌次（海兵六七期）

【参考文献】

プロローグ

蓮池薫『拉致と決断』（新潮社、平成二七年四月）
李光洙（辺真一訳）『潜行指令』（ザ・マサダ社、平成一〇年七月）
石高健次『金正日の拉致指令』（朝日新聞社、平成一〇年五月）
「海上保安庁ニュース」『世界の艦船』第三五三号（海人社、一九八五年五月号）
内閣官房　拉致問題対策本部「北朝鮮における人権に関する国連調査委員会最終報告書（仮訳）」
内閣官房　拉致問題対策本部「北朝鮮による日本人拉致問題」
（https://www.rachi.go.jp/jp/ratimondai/index.html　令和三年八月アクセス）
警察庁「拉致の可能性を排除できない事案に係る方々」
（https://www.npa.go.jp/bureau/security/abduct/list.html　令和三年八月アクセス）
海上保安庁『平成十一年度版　海上保安白書』（大蔵省印刷局、平成十一年五月）
海上保安庁『海上保安レポート二〇〇三』（国立印刷局、平成一五年五月）
韓国麗水市立「北韓半潜水艇・武器展示館」展示パネル説明文
「日本人ら致、身代わりスパイ　宮崎から北朝鮮に」『朝日新聞』昭和六〇年六月二七日
「身代わりスパイ逮捕」『毎日新聞』昭和六〇年六月二八日
「警察庁事実調査を指示」『毎日新聞』昭和六〇年六月二九日
「北朝鮮清津港に入港　工作船の見方強まる」『日本経済新聞』平成一一年三月二五日
「任務不明　謎深まる」『産経新聞』平成一一年三月二五日
「北朝鮮潜水艇が漁網に」『朝日新聞』平成一〇年六月二三日
「韓国、休戦協定に違反」『朝日新聞』平成一〇年六月二三日

「潜水艇に異例の対応」『朝日新聞』平成一〇年六月二四日
「引き揚げ難航、きょう再開」『朝日新聞』平成一〇年六月二五日
「内部の調査開始」『朝日新聞』平成一〇年六月二六日
「北朝鮮潜水艇に九遺体」『朝日新聞』平成一〇年六月二六日
「北朝鮮の潜水艇撃沈」『朝日新聞』平成一〇年一二月一八日
「射撃、一時間班続いた」『朝日新聞』平成一〇年一二月一八日
「海自、異例の監視態勢」『朝日新聞』平成一〇年一二月一九日
「追跡七時間、三発命中」『朝日新聞』平成一〇年一二月一九日
「北朝鮮の三代世襲、血の粛清始まるか」『東亜日報』平成二一年六月五日
「張成沢氏は冷血な忠臣 二万五千人粛清の総責任者」『産経新聞』平成二四年一月一四日

第1章　兆候……発見

瀧野隆浩『自衛隊指揮官』（講談社、平成一七年八月二〇日）
平田昭文（幹候二二期）「回想 日本海不審船事案」『うみどり』第三三号
森井洋明（幹候二四期）「はるな不審船警告射撃」水交会編『苦心の足跡（射撃）』
保井信治（幹候二三期）「能登半島沖不審船事案の記憶」『うみどり』第三三号
参議院議事録「第一四五回国会 外交・防衛委員会」（平成一一年三月二五日）
「領海侵犯直前 工作船を確認」『讀賣新聞』平成一一年四月三日
「領海侵犯一報は不審電波」『讀賣新聞』平成一一年四月三日。
「新潟県警二二日から警戒強化」『讀賣新聞』平成一一年三月二四日
「海自・海保、手探り追跡」『朝日新聞』平成一一年四月七日
「中ロ韓にらみ政府慎重」『朝日新聞』平成一一年四月七日

「約二・二キロまで近接」『産経新聞』平成一一年三月二九日
「不審船事件検証」『朝日新聞』平成一一年四月七日
「毅然と対応 意思確認」『讀賣新聞』平成一一年三月二四日
「法的不備…初動に遅れ」『産経新聞』平成一一年三月二五日
「関係省庁 緊迫」『朝日新聞』平成一一年三月二四日
「緊迫 日本海 波高し」『産経新聞』平成一一年三月二四日
「政治側、専ら後追い」『讀賣新聞』平成一一年四月三日

第2章 追 跡

瀧野隆浩『自衛隊指揮官』(講談社、平成一七年八月二〇日)
鈴木英隆(幹候二五期)「能登半島沖不審船に対する警告射撃」水交会編『苦心の足跡(射撃)』
保井信治「能登半島沖不審船事案の記憶」『うみどり』第三三号
坂田竜三(幹候三三期)「海上警備行動に臨んだあの日」水交会編『苦心の足跡(固定翼)』
小川幸一(幹候二六期)「能登半島沖不審船事案について」水交会編『苦心の足跡(固定翼)』
森井洋明「はるな不審船警告射撃」水交会編『苦心の足跡(射撃)』
平田昭文「回想 日本海不審船事案」『うみどり』第三三号
木村康張(航学二九期)「能登半島沖不審船事案―機長の決断」水交会編『苦心の足跡(固定翼)』
参議院議事録「第一四五回国会 外交・防衛委員会」(平成一一年三月二五日)
「不審船二隻に威嚇射撃」『朝日新聞』平成一一年四月二四日
「発砲の危険と緊張 威嚇射撃ためらう」『朝日新聞』平成一一年四月七日
「約二・二キロまで接近」『産経新聞』平成一一年三月二九日
「海自・海保、手探り追跡」『朝日新聞』平成一一年四月七日

「毅然と対応　意思確認」『讀賣新聞』平成一一年三月二四日
「関係省庁　緊迫」『朝日新聞』平成一一年三月二四日
「工作船侵犯　重い教訓」『讀賣新聞』平成一一年五月三日
「緊迫　日本海　波高し」『産経新聞』平成一一年三月二四日
「政治側、専ら後追い」『讀賣新聞』平成一一年四月三日
「中ロ韓にらみ政府慎重」『朝日新聞』平成一一年四月七日
「停船命令まで八時間」『産経新聞』平成一一年三月二五日
「官主導の警備行動発令」『讀賣新聞』平成一一年四月三日
「海上警備行動　野中氏は難色を示した」『朝日新聞』平成一一年四月七日
「発令　実戦さながらの緊張が走った」『朝日新聞』平成一一年四月七日

第3章　海上警備行動の発令

瀧野隆浩『自衛隊のリアル』（河出書房新社、平成二七年八月）
伊藤祐靖『国のために死ねるか』（文春新書、平成二八年七月）
保井信治「能登半島沖不審船事案の記憶」『うみどり』第三三号
鈴木英隆「能登半島沖不審船に対する警告射撃」水交会編『苦心の足跡（射撃）』
森井洋明「はるな不審船警告射撃」水交会編『苦心の足跡（射撃）』
平田昭文「回想　日本海不審船事案」『うみどり』第三三号
小川幸一「能登半島沖不審船事案について」水交会編『苦心の足跡（固定翼）』
坂田竜三「海上警備行動に臨んだあの日」水交会編『苦心の足跡（固定翼）』
木村康張「能登半島沖不審船事案―機長の決断」水交会編『苦心の足跡（固定翼）』
伊藤祐靖（幹候三九期）『「お世話になりました。行ってきます」北朝鮮工作母船追跡事案』

(http://www.yobieki-br.jp/opinion/sukeyasu/kousaku_sen.html 平成三〇年五月アクセス)
「反撃対処、示されず」『讀賣新聞』平成一一年四月三日
「官主導の警備行動発令」『讀賣新聞』平成一一年四月三日
「停船命令まで八時間」『産経新聞』平成一一年三月二五日
「発令 実戦さながらの緊張が走った」『朝日新聞』平成一一年四月七日
「初の海上警備行動を発令」『産経新聞』平成一一年三月二四日
「静観一転、張り詰める空気」『産経新聞』平成一一年三月二四日
「海自・海保、手探り追跡」『朝日新聞』平成一一年四月七日
「爆弾投下、三〇mの水柱」『讀賣新聞』平成一一年三月二五日

第4章　航空部隊による警告射撃

坂田竜三「海上警備行動に臨んだあの日」水交会編『苦心の足跡(固定翼)』
小川幸一「能登半島沖不審船事案について」水交会編『苦心の足跡(固定翼)』
平田昭文「回想 日本海不審船事案」『うみどり』第三三号
木村康張「能登半島沖不審船事案―機長の決断」水交会編『苦心の足跡(固定翼)』
「爆弾投下、三〇mの水柱」『讀賣新聞』平成一一年三月二五日
「海自・海保、手探り追跡」『朝日新聞』平成一一年四月七日
『北』工作船と確認」『産経新聞』平成一一年三月二五日
「初の海上警備行動を発令」『産経新聞』平成一一年三月二四日
「追跡断念、無念の表情」『産経新聞』平成一一年三月二四日
「反撃対処、示されず」『讀賣新聞』平成一一年四月三日

第5章　海上警備行動の終結

守屋武昌『日本防衛秘録』（新潮文庫、平成二八年四月）
衆議院議事録「第一四五回国会 運輸委員会」（平成一一年三月三〇日）
参議院議事録「第一四五回国会 外交・防衛委員会」（平成一一年三月二五日）
衆議院議事録「第一四五回国会 沖縄・北方問題特別委員会」（平成一一年三月二四日）
「初の海上警備行動を発令」『産経新聞』平成一一年三月二四日
「海自・海保、手探り追跡」『朝日新聞』平成一一年四月七日
「ミグを警戒、空自機発進」『朝日新聞』平成一一年四月七日

第6章　残された課題

防衛庁『平成一二年度版 防衛白書』（国立印刷局、平成一二年七月）
海上保安庁『海上保安レポート　２００３』（国立印刷局、平成一五年五月）
「領域警備強化のための緊急提言」『讀賣新聞』平成一一年五月三日
衆議院議事録「第一四五回国会 安全保障委員協議会」（平成一一年三月二四日）
参議院議事録「第一四五回国会 外交防衛委員会」（平成一一年三月二五日）
衆議院議事録「第一四七回国会 衆議院本会議」（平成一二年二月一日）
衆議院議事録「第一五三回国会 衆議院本会議」（平成一三年一〇月一〇日）

エピローグ

防衛庁『平成一七年度版 防衛白書』（ぎょうせい、平成一七年八月）
防衛省『令和三年度版 防衛白書』（日経印刷、令和三年七月）
海上保安庁『海上保安レポート　２０１８』（日経印刷、平成三〇年六月）

海上保安庁『海上保安レポート ２０２０』（日経印刷、令和二年五月）
外務省「北朝鮮関連船舶による違法な洋上での物資の積替えの疑い」
（https://www.mofa.go.jp/mofaj/fp/nsp/page4_003679.html 令和三年八月アクセス）
「離島や無人島で警戒強まる」『日本経済新聞』平成三〇年一月一六日
「北海道松前沖に北朝鮮船か 複数の乗員、無人島周辺」『産経新聞』平成二九年一一月二九日
「北朝鮮、冬場も出漁奨励『漁獲戦闘』」『産経新聞』平成二九年一一月二四日
「北朝鮮船、逃亡図ったか 巡視船から離れ再び確保」『日本経済新聞』平成二九年一二月八日
「木造船乗組員８人を北朝鮮へ強制送還」『朝日新聞』平成三〇年二月九日
「北朝鮮船長に２年６月求刑」『産経新聞』平成三〇年三月九日
「北朝鮮船長ら強制送還」『日本経済新聞』平成三〇年四月二六日
参議院議事録「第一五四回国会 参議院本会議」（平成一五年六月六日）
参議院議事録「第一八九回国会 参議院本会議」（平成二七年九月一九日）
衆議院議事録「第二〇四回国会 予算委員会」（令和三年二月一七日）
衆議院議事録「第二〇四回国会 衆議院本会議」（令和三年三月一二日）
参議院議事録「第二〇四回国会 外交防衛委員会」（令和三年三月二三日）
参議院議事録「第二〇四回国会 内閣委員会」（令和三年六月八日）

著者

木村康張（きむら やすはる）
富士通システム統合研究所 安全保障研究所 主席研究員
1954年横浜市生まれ。1977年神奈川県立鶴見高校卒業。第29期航空学生として海上自衛隊に入隊。教育課程修了後、P-2J対潜哨戒機、P-3C哨戒機の戦術航空士として勤務。飛行時間6,700時間。第4次派遣海賊対処行動航空隊司令、海上幕僚監部指揮通信体系班長、小月教育航空隊司令、第2航空隊司令を歴任。2015年退官。

能《の》登《と》半島沖《はんとうおき》不《ふ》審船《しんせん》対処《たいしょ》の記録《きろく》
——P-3C 哨戒機機長が見た真実と残された課題——

2021年12月14日　第１刷発行

著 者
木村《きむら》 康張《やすはる》

発行所
㈱芙蓉書房出版
（代表 平澤公裕）
〒113-0033東京都文京区本郷3-3-13
TEL 03-3813-4466　FAX 03-3813-4615
http://www.fuyoshobo.co.jp

印刷・製本／モリモト印刷

ISBN978-4-8295-0825-1